AF613719

MÉMORIAL AGRICOLE.

SITUATION

DE L'AGRICULTURE FRANÇAISE.

INVENTAIRE DE SES RICHESSES AGRICOLES.

QUELQUES IDÉES SUR LES MOYENS D'ASSURER
LA PROSPÉRITÉ DE L'AGRICULTURE.

PAR

LE COMTE LOUIS DE VILLENEUVE,

Capitaine de vaisseau en retraite, Membre correspondant de la Société d'agriculture de la Seine, Président du Comice de Castres.

Un État ne peut prospérer que dans la supposition que les subsistances augmenteront dans la même proportion que la population.

CASTRES,

Imprimerie de J.-L. PUJOL, Rue Neuve-Castelmoutou, n° 3.

1847.

NOTE PRÉLIMINAIRE.

En 1837, le Ministre de l'agriculture présenta au Roi un rapport sur la statistique du royaume. Cet ouvrage ne contenait pas moins de 80,000 pages.

En 1843, M. Royer, un de nos agronomes les plus distingués et dont l'agriculture déplore la perte, entreprit le dépouillement et le classement de nos richesses agricoles. Ce grand travail, fait avec clarté et précision, nous a fait connaître l'état et les produits de l'agriculture française.

En 1846, un économiste d'un grand mérite, M. Mounier, entreprit le même travail. M. Rubichon, son oncle, un des plus célèbres économistes du temps présent, enrichit cet ouvrage d'observations curieuses sur l'agriculture de la France et de l'Angleterre. Ses connaissances étendues en finances et sur le commerce des diverses puissances de l'Europe, donnent à ses observations d'autant plus d'importance qu'elles sont le fruit de cinquante années consacrées à l'étude et à l'application de l'économie agricole des nations.

M. Rubichon est parti d'un principe :

Qu'une nation ne peut prospérer que dans la supposition que les subsistances augmentent dans la même proportion que la population.

C'est avec ce principe qu'il considère l'agriculture de l'Angleterre et de la France, et qu'il en indique les causes et les résultats.

Vieux agronome, j'ai dû étudier avec intérêt les faits et raisonnements de ces ouvrages. J'en ai extrait tous les documents et les calculs qu'ils présentent, et pour les mettre à portée des agriculteurs, je les ai resserrés dans une petite brochure, dont les chiffres auront peut-être quelque intérêt, mais qui ne me laisse d'autre mérite que celui de faire connaître la situation réelle de notre agriculture d'après les documents officiels. En voyant combien nos produits sont au-dessous des besoins de la France, en considérant l'augmentation rapide de la population, si peu en rapport avec la production des subsistances, tous les agronomes sentiront la nécessité de réunir tous leurs efforts pour conjurer l'avenir qui nous menace.

C'est à la génération agricole qui s'avance qu'il faut demander la prospérité de l'agriculture : qu'elle se persuade bien que ce n'est qu'avec les fourrages qu'on augmentera nos richesses en bestiaux, et qu'avec les bestiaux on augmentera la masse des engrais; avec les engrais on récoltera plus de grains, et avec les grains on augmentera les richesses de la France. Pour atteindre à ce résultat, nous dirons comme le Ministre :

Qu'il y a quelque chose à faire.

RICHESSES AGRICOLES DE LA FRANCE.

Le Ministre, dans son rapport au Roi, sur la statistique de la France, divise le royaume en quatre régions, formant une étendue de 57,768,618 hectares, dont deux millions employés aux besoins sociaux, routes, rivières, etc.

Il reste donc 55,768,618 hectares pour former le domaine agricole de la France.

HECTARES semés.	EN CÉRÉALES.	QUANTITÉ de semences.	PRODUITS disponibles.	VALEUR.
		hectol.	hectol.	fr.
5,586,000	Froment.	11,500,000	58,116,000	920,826,000
2,580,000	Seigle.	5,140,000	22,722,000	241,012,000
631,000	Maïs.	242,000	17,880,000	69,500,000
1,188,000	Orge.	2,580,000	14,800,000	116,400,000
3,000,000	Avoine.	7,000,000	41,880,000	268,400,000
900,000	Méteil.	1,900,000	9,890,000	120,440,000
250,000	Sarrasin.	550,000	7,900,000	57,390,000

AUTRES PRODUITS.	
	hectol.
Vins.	49,000,000
Bière.	3,800,000
Eau-de-vie.	1,100,000
Pommes de terre.	96,180,000
Légumes secs.	3,400,000
Betteraves.	15,700,000

Voilà l'état des produits dont une partie est destinée à la nourriture de l'homme.

Nous allons donner quelques détails sur ces diverses cultures.

Il faut d'abord observer que les céréales pour la nourriture des hommes, telles que le froment, le seigle, l'épeautre, le méteil, le maïs, forment un total de 106 millions d'hectolitres; c'est donc pour 35 millions d'individus, 3 hectolitres employés à la nourriture.

Voici la quantité de blé employé dans le nord et dans le midi, aux semences.

PAR HECTARE :	NORD.		MIDI.	
On sème dans le Nord, froment.	2 hect.	30 hect.	1 hect.	69 hect.
Les produits varient.	14	98	9	71
En seigle.	8	80	9	»

Le rapport établit la quantité de grains disponible par hectare, de 14 à 18 hectolitres dans le Nord, et de 7 à 9 27 dans le Midi. (1)

Le Ministre nous donne le prix moyen des produits employés à la nourriture. Il trouve qu'en moyenne on peut fixer le prix de ces produits.

(1) La différence entre les produits du Nord et du Midi est-elle l'effet de la différence dans la quantité de semence? Je serais assez porté à croire que nous semons trop clair dans le sud-ouest.

Ainsi en moyenne :

	l'hectolitre.			l'hectolitre.	
Le froment a une valeur de	15 fr.	82 c.	L'orge.	8 fr.	28 c.
Le méteil..	12	20	Pommes de terre	2	10
Le maïs....	9	40	Légumes secs. .	15	»
L'avoine...	6	20			

MÉTEIL.

M. Royer regrette que la culture du méteil ne soit pas plus étendue en France, puisque ce grain produit plus que le blé; M. Royer a raison. Je dois dire à ce sujet que les causes qui ont empêché cette culture de s'étendre sont le prix de vente inférieur à celui du blé et de plus le grave inconvénient que le seigle mûrissant huit jours avant le blé, il est exposé à être égrainé par le vent; j'ai cependant trouvé un moyen de remédier à ce grave inconvénient, c'est de mêler au blé du seigle récolté au haut des montagnes. Ce seigle ne venant en maturité que huit jours après celui des plaines, on n'a plus à redouter le vent. Dans le Sud-Ouest, où le vent d'autan règne avec violence, c'est un danger qu'il est très-important d'éviter (1).

L'étendue cultivée en France, en méteil, est de 910,952 hectares. Le Sud-Ouest n'est compris dans ce nombre que pour 169,850 hectares. Le produit, quitte de semence, est de 2,252,252 hectolitres dont le prix moyen est de 12 fr. 50 c.

(1) Si la température plus ou moins élevée agissait sur la maturité du blé, comme je l'ai observé sur le seigle, il serait avantageux de semer dans le Sud-Ouest du blé de l'Algérie ou de la Sicile. On éviterait ainsi quelques dangers.

L'ÉPEAUTRE.

Ce grain n'est cultivé que dans trois départements : le Nord, le Bas-Rhin et la Drôme, dans une étendue de 4,734 hectares; dans les terres de qualité inférieure ce grain s'arrange mieux d'une terre trop légère, comme d'une terre trop humide, d'une fumure insuffisante et d'une semaille plus tardive. Selon M. Royer c'est la céréale par excellence des défrichements.

La semence employée par hectare est dans le Nord de 333 litres et dans le Sud-Est de 175. Cette quantité est évidemment trop faible puisque Schwerts nous dit que dans l'Obenland on sème en moyenne 1,124 litres.

La production de l'épeautre, en France, est évaluée à 120,354 hectolitres, valant 713,428 fr.

M. de Fellember rapporte qu'il a obtenu, à Noffwil, 94 hectolitres par hectare.

Le poids moyen de l'hectolitre est de 42 kilos 24. Quand le prix du froment est de 15 fr. 85 c. celui de l'épeautre devrait être de 5 fr. 95 c.

SEIGLE.

L'étendue cultivée est de 2,252,252 hectares. Le Sud-Ouest est compris dans ce nombre en moyenne, par département, pour 30,859 hectares.

Le produit moyen est de 8 hectos 80 par hectare. Le poids de l'hectolitre est de 70 à 83 kilos. On estime que 4 hectolitres de blé valent 5 hectolitres de seigle.

ORGE.

L'étendue cultivée est de 788,250 hectares. La culture de l'orge est plus considérable dans le Nord que dans le Midi.

On cultive dans le Nord. . . 436,700 hectares.

Et dans le Midi. 253,000

Chaque hectolitre d'orge pesant 64 kilos équivaut à 118 kilos de luzerne du prix de 3 fr. 4 c. le quintal. D'après les agronomes allemands 5 parties d'orge valent 4 parties de froment, ou 15 parties de foin, ou enfin 30 parties de paille de froment.

La culture de l'orge est une des plus avantageuses. Les produits en sont élevés, la vente facile. L'orge verse moins que le froment, mais elle a l'inconvénient de donner peu de paille. Le maïs est par excellence la meilleure préparation pour une récolte d'orge, à tel point qu'on peut s'attendre à 4 grains en sus de son produit ordinaire, d'après M. Royer.

Le produit total de l'orge, en France, est de 14 millions d'hectolitres d'une valeur de 116 millions de francs (1).

MAÏS.

Cette culture occupe en France 630,000 hectares. Il y a vingt départements qui ne le cultivent pas. Le Sud-

(1) Ce rapport entre le produit ne peut s'appliquer au Sud-Ouest ni pour la production ni pour les prix. En effet, 4 hectolitres de froment, valant 86 fr., ne peuvent être remplacés par 5 hectolitres d'orge dont la valeur ne dépasse jamais 50 fr.

Ouest est compris dans la totalité de cette culture pour 522,578 hectares. C'est une véritable richesse pour cette région.

On sème, en moyenne, 36 litres par hectare. Le Ministre ne porte qu'à 12 hectolitres le produit de l'hectare. Dans le Sud-Ouest nous obtenons de 16 à 18 hectolitres. *Burguer* parle de 75 hectolitres, et M. Dombasle nous donne un produit de 15 à 18, et de plus 5 hectolitres de haricots cultivés avec le maïs.

Le poids du maïs est variable entre 67 et 68 kilos. Les tiges et cimes données en vert sont du poids de 1,782 kilos et d'une valeur de 10 fr. 69 c.

On peut encore mettre en ligne de compte la fusée, ou charbon blanc, d'une certaine ressource pour le chauffage du peuple.

L'hectolitre de maïs égrainé en novembre donne	45 litres	98
En mars.	37	78
En août.	35	70

En vendant l'hectolitre de maïs en novembre 12 fr., c'est comme si on le vend en mars 14 fr. 72 c. et en août 15 fr. 45 c.; si on le vend 16 fr. en novembre, c'est comme en mars 19 fr. 62 c. et en août 20 fr. 60 c.

AVOINE.

M. Royer regarde la culture de l'avoine, dans le système triennal, comme une plaie pour l'agriculture en faisant succéder le grain au blé (1).

(1) Cet assolement est, sans nul doute, mauvais à cause de l'épuisement du sol. Dans le Sud-Ouest, quand la qualité de la terre est trop forte pour y semer du maïs, il faut bien semer de l'avoine à l'automne, mais alors il faut fumer et semer au printemps de la graine de trèfle sur l'avoine; on peut alors obtenir une assez bonne récolte d'avoine et un bon fourrage qu'on aura eu soin de plâtrer.

On cultive en France 3,000,000 d'hectares en avoine. Le Nord est compris dans ce nombre pour 2,400,000 hectares et le Midi pour 600,000.

La quantité de semences employées est de 7,000,000 d'hectolitres valant 43,000,000 de francs.

Il est important de semer l'avoine la plus pesante et la plus saine, un grand nombre de grains étant privés de leur faculté germinatrice.

Chewerz indique pour la semence 225 litres par hectare. Dans le Pays-Bas on sème jusqu'à 695 litres, en Angleterre de 354 à 428 et dans un sol maigre jusqu'à 536 litres. Dans le Sud-Ouest il n'y a que l'avoine semée à l'automne qui donne de bons produits. On sème communément 2 hectolitres 50 par hectare.

La production annuelle de l'avoine, quitte de semence, est de 41,800,000 fr. Le produit de 14 pour 1. Il doit y avoir une erreur dans ce produit, puisque, comparé avec la production des autres pays, on trouve que la Belgique donne. . . . . 34 hectol. par hectare

L'Allemagne. 48

L'Angleterre. 31

En France la récolte de la paille d'avoine est évaluée à 3 millions et demi, valant 27,700,000 fr. Les 1,164 kilos de paille récoltés par hectare est d'une valeur de 1 centime 8; et cependant cette paille donnant le double de son poids en fumier, il résulte que 200 kilos de fumier, produits par 100 kilos de paille d'avoine, valent autant que 20 kilos de froment, ou 4 fr., d'après les assertions de M. Gasparin.

Le Ministre évalue la consommation de l'avoine à 36,000,000 et demi, et comme la population chevaline peut être comptée à 2,538,000 têtes, il attribue à chaque animal 1,442 litres d'avoine pour l'année, ou 4 litres par jour, au lieu de 8 à 10 litres qu'ils devraient avoir.

La valeur totale de l'avoine, en y comprenant la paille, est de 398,000,000 de francs.

Le prix moyen de l'hectolitre d'avoine est de 7 fr. 64 c.

Le poids moyen de 44 kilos, l'hectolitre, équivalent à 74 kilos de luzerne du prix de 2 fr. 40 c.

Voilà l'état de nos richesses en céréales. Voyons celles que nous possédons en animaux.

RACE CHEVALINE.

Le nombre de chevaux, juments, poulains est en France :

En chevaux.	1,270,000	2,816,000 têtes
En juments.	1,194,000	
En poulains.	352,000	

Sur ce nombre quarante-deux départements du Nord ont. . . . . . 2,200,000 fr.

Les quarante-trois départements du Midi. . . . . 600,000 fr.

MULES ET MULETS.

Dans le Nord on possède. . .	160,000	375,000
Dans le Midi.	215,000	

ANES ET ANESSES.

Le total, en France, est de 410,000 têtes valant 10 millions.

RACE BOVINE.

Nous avons dans le Nord. .	5,946,000	9,733,000
Dans le Midi.	3,787,000	
Sur ce nombre nous avons en bœufs. .		1,968,000
En vaches.		5,500,000
En taureaux.		2,066,000

Nous engraissons annuellement 312,340 bœufs ou vaches, nous en consommons 336,230.

C'est dans le Sud-Ouest que le nombre des bœufs et des taureaux est le plus élevé. On trouve dans cette région que sur 100 têtes de bétail il y a

34 bœufs	6 taureaux
41 vaches	19 veaux.

Si on calcule pour toute la France, nous trouverons que pour 1,000 habitants nous entretenons

59 bœufs
164 vaches
61 veaux.

Pour les autres animaux, en faisant le même calcul, nous entretenons

959 bêtes à laine	12 ânes et ânesses
146 porcs	36 juments
28 chèvres	10 poulains
38 chevaux	11 mules et mulets.

Le Ministre, dans son rapport au Roi, examine le revenu moyen des animaux domestiques.

PRODUITS en REVENU.	NORD.	SUD-OUEST.	PRODUITS en REVENU.	NORD.	SUD-OUEST.
	fr. c.	fr. c.		fr. c.	fr. c.
Bœufs.	31 80	30 29	Porcs.	16 05	15 30
Vaches.	39 05	30 90	Chèvres.	5 65	4 30
Taureaux.	24 30	22 49	Chevaux.	95 »	37 15
Veaux.	12 15	12 39	Juments.	76 70	19 50
Moutons.	4 45	2 90	Mules et Mulets.	56 83	37 70
Brebis.	4 05	3 05	Anes et Anesses.	18 80	9 05
Agneaux.	2 10	1 10	(1)		

Il résulte de ce tableau des différences remarquables. Ainsi le revenu d'un bélier, dans le Nord, est de 7 fr. 60 et dans le Midi seulement de. . . . . . . 5 fr. 38

Pour les chevaux la différence est encore plus forte.

En résumant le revenu total de chaque espèce d'animaux, nous trouvons

REVENU DES ANIMAUX EN TOTALITÉ.	DANS LE NORD.	DANS LE MIDI.
Pour la race bovine :		
Les bœufs rapportent.	62,500,000	23,500,000
Les vaches.	214,300,000	28,500,000
Les taureaux.	9,700,000	3,000,000
Les veaux.	25,000,000	5,000,000
Total du revenu de la race bovine. . .		321,300,000
Race ovine :		
Béliers.	2,000,000	700,000
Moutons.	42,200,000	6,100,000
Brebis	59,900,000	15,800,000
Agneaux.	15,300,000	3,600,000
Total du revenu de la race ovine. . . .		120,000,000
Porcs.	79,300,000	20,700,000
Chèvres..	5,500,000	800,000
Chevaux	126,800,000	5,000,000
Juments.	91,500,000	8,200,000
Poulains.	8,600,000	860,000
Total du revenu		384,200,000

(1) Le revenu des brebis et agneaux, porcs, mules est bien au-dessus dans le Sud-Ouest du chiffre officiel. Il y a nécessairement erreur. La

Le relevé des revenus des animaux domestiques est de 767,000,000, sur lesquels le Sud-Ouest n'est compris que pour 127,000,000 (1).

FOURRAGES.

Nous ne sommes pas riches en fourrages : sur 100 hectares de terres nous n'en cultivons que 10, tandis qu'en Angleterre on en a 68 sur 100.

Nous récoltons 105,000,000 de quintaux métriques en foin, et une quantité de fourrages artificiels qui sont évalués, comme foin, à 47,000,000 de quintaux. Dans le Sud-Ouest la quantité de fourrages artificiels a augmenté d'une manière remarquable depuis que les propriétaires ont trouvé de la graine de trèfleun débit assuré en Angleterre et aux États-Unis. Il en est résulté que les propriétaires ont récolté plus de fourrages et ont obtenu en sus, par la graine de trèfle, la valeur d'une récolte d'avoine.

Le produit du foin, dans le Nord, est de 36q.m.50.
Et dans le Midi. . . . . 30 31.

PLANTES OLÉAGINEUSES.

La culture des plantes oléagineuses comprend une étendue de 173,000 hectares.

laine ne figure pas dans le revenu des brebis, et elle est cependant d'une grande importance ; il en est de même du commerce des mules qui est dans le Sud-Ouest une branche de revenu considérable.

(1) Cette différence remarquable indique qu'il y a quelque chose à faire pour faire produire dans le Sud-Ouest un plus grand nombre d'animaux. Ne serait-ce pas à la division de la propriété, plus rapide dans le Sud-Ouest que dans le Nord, qu'il faut attribuer cette grande différence.

Dans le Nord. . . . . 116,000 hectares.

Dans le Midi. 57,000

La statistique ne donne de détail sur ces diverses cultures. Elle porte les produits en huile à. . 49,000,000

Et pour les tourteaux à. 3,500,000

Total. 52,500,000

Je dois dire que M. Royer présente des raisons spécieuses pour porter ce produit à 80,000,000.

OLIVIERS.

Le produit en huile des départements du Sud-Est qui cultivent l'olivier est de 167,000 hectolitres d'huile, dont la valeur est évaluée à 26,000,000, et la valeur des olives vendues au commerce et de 70,000 fr.

CHANVRE.

Le produit moyen d'un hectare est de 383 kilos de filasse, valant 0,90 centimes, ce qui fait. . 344 fr. 70

Et 949 kilos de graine à 17 fr. 5 c., valant 143 15

Total. . . . 487 fr. 85

Et pour toute la France 1,671,000 kilos de graine et 67,507,000 kilos de filasse. Le total évalué 86,287,000.

LIN.

L'étendue cultivée dans toute la France est de 90,543 hectares.

La semence d'un hectare est de 256 litres.

Le poids d'un hectolitre de graine de lin est de 65 à 74 kilos.

Le produit moyen, pour la France, est de 37,000 kilos de filasse, ayant une valeur de 1 fr. 15 c. Nous récoltons 737,000 hectolitres de graine qui, à 21 fr. 65 c., donne une valeur de 485,000,000. Chaque hectare rapporte donc, en moyenne, 375 kilos de filasse. C'est encore un produit au-dessous de ceux des pays étrangers, puisqu'en Angleterre on a 552 kilos, en Allemagne 524 et en Italie 381.

La valeur de la culture du lin est de 52,000,000.

PLANTES TINCTORIALES.

LA GAUDE.

L'étendue cultivée est de 124 hectares. Le produit est de 48,000.

PASTEL.

Cette culture n'occupe que 310 hectares. Les environs d'Albi entrent dans ce nombre pour 115 hectares.

La valeur totale du pastel est de 97,600 fr. sur lesquels Albi perçoit 34,965 fr.

Le produit d'un hectare est de 375 fr.

GARANCE.

D'après les rapports officiels cette culture occupe 14,676 hectares, dont le produit moyen est de 10 hectolitres 95.

Pour la totalité c'est 160,000 quintaux, dont la valeur totale est de 9,500,000 fr.

SAFRAN.

758 hectares sont cultivés en safran. Le produit net est 7 kilos 50 par hectare.

Le total du produit est de 5,540 kilos, dont la valeur est de 51 fr. 55 c., et le total 285,000 fr., ce qui donne, par hectare, un revenu de 370 fr.

Je dois dire que M. Royer croit qu'il y a une erreur dans le rapport, et d'après lui le produit devrait être porté à 1,500,000 fr.

TABAC.

Le tabac est pour le Trésor un objet d'une grande importance.

Avant la Révolution la ferme du tabac était de 37,000,000. Depuis 1815 la consommation du tabac a augmentée chaque année. En 1836 le produit était de 56,600,000, et en 1837 de 59,000,000.

Le produit brut du tabac est de 80,360,000 fr., et les frais de 22,000,000 un tiers.

Nous avions en 1840 une étendue de 8,304 hectares cultivée en tabac. Cette culture emploie 19,273 cultivateurs.

Le produit de l'hectare, en tabac, est de 1,185 kilos, dont la valeur est de 774 fr.

Le prix moyen, par 100 kilos, est de 65 fr. 21. On peut évaluer les profits du tabac à 82,000,000, sur lesquels les tabacs étrangers entrent pour 40,000,000.

CHARDON.

Le rapport porte l'étendue cultivée en chardon à 1,115 hectares.

Le produit, par hectare, est de 615 kilos, dont le prix moyen est de 0,60 c.

HOUBLON.

La culture de cette plante est de 826 hectares.

Le produit, par hectare, est de 1,655 kilos, dont la valeur moyenne est de 950,000 fr., ce qui fait 1,156 fr. par hectare. *Bunguer* évalue le produit moyen d'un hectare, en Allemagne, à 2,776 fr.

SOIES.

La terre cultivée en mûriers est d'une étendue de 41,277 hectares. Le Sud-Ouest n'est compris dans ce nombre que pour 515 hectares (1).

On compte en France 24,000,000 de mûriers. Le Sud-Ouest n'en possède que 172,800.

La valeur des feuilles consommées est de 19,000,000 de francs; celle du Sud-Ouest de 177,160 fr.

La récolte des cocons est de 11,550,000 dont la valeur est évaluée à 42,000,000 de francs.

Pour une once de graine il faut 669 kilos de feuilles.

Le produit moyen est de 34 kilos, valant 128 fr.

(1) Il y a nécessairement erreur dans ce chiffre. L'arrondissement de Lavaur, dans le Tarn, présente seul une étendue bien considérable.

VIGNES.

On cultive à peu près, en vignes, 2,000,000 d'hectares. Le Sud-Ouest n'en a que 875,000.

Le Ministre évalue le produit moyen de l'hectare de vigne à 1,866 litres. La valeur de l'hectolitre est, en moyenne, de 11 fr. 40 c.

Le produit total du vin, en France, est évalué à 37,000,000 d'hectolitres, d'une valeur totale de 419,000,000 de francs.

Il faut y ajouter 1,880,000 hectolitres d'eau-de-vie, valant 59,000,009, à raison de 54 fr. l'hectolitre.

La consommation du vin, en France, est de 25,500,000 hectolitres, ayant une valeur de 107,500,000 fr.; plus 587,000 hectolitres d'eau-de-vie, valant 5,500,000 fr.

La vigne paye pour l'impôt foncier. .	30,000,000
Pour droits de consommation et de circulation.	94,000,000
Pour droits d'octroi.	24,500,000
Total. . . .	148,500,000

On peut évaluer toutes les valeurs créées pour la vigne, et pour tous les produits qui en ressortent à 978,000,000.

L'impôt du vin ne peut atteindre toute la production dans les campagnes. Il n'y a que 14,000,000 d'hectolitres sur 25,000,000 d'hectolitres qui payent 10 fr. d'impôt : c'est 10 centimes par litre.

Il n'y a donc que le tiers du vin consommé qui paye l'impôt. C'est une injustice, et d'autant plus forte, que les vins d'une valeur de 20 à 25 centimes le litre payent autant que ceux de Bourgogne, de Champagne et de Bordeaux dont la valeur dans le commerce est si élevée. Il y aurait donc une réforme à faire dans la loi sur les vins, et je croirai possible, en diminuant les charges qui pèsent sur les propriétaires de vignes, d'augmenter en même temps le revenu du Trésor. (Voir la note A.)

BIÈRE ET CIDRE.

La statistique évalue la consommation de la bière à 3,890,000 hectolitres, ayant une valeur de 58,000,000, et celle du cidre à 10,000,000 d'hectolitres, ayant une valeur de 76,000,000.

HARICOTS, LENTILLES, POIS.

Ces légumes sont peu productifs, excepté dans les terrains frais, le long des montagnes du Sud-Ouest. Ils procurent cependant une subsistance plus nutritive que les céréales. M. Boussingaut l'évalue au double du froment.

Le poids d'un hectolitre de haricots varie depuis 75 à 78 kilos, à peu près le même que le blé. Les chiens et les cochons sont les seuls animaux qui ne mangent pas ce légume.

Le poids des lentilles est de 78 à 85 kilos.

M. Boussingaut attribue une supériorité de poids sur le froment de 49 à 51.

Le Ministre a compris ces divers produits dans le chapitre des légumes secs. Il évalue l'étendue de la culture à 296,000 hectares.

On sème 135 litres par hectare, dont le produit, en moyenne, est de 1,160 litres d'une valeur de 175 fr.

Le produit moyen des légumes secs dans le Sud-Ouest est de 886 litres : dans l'Alsace il est de 29 hectolitres, dont le prix, à 15 fr., donne une valeur de 465 fr. à l'hectare.

POMMES DE TERRE.

L'étendue cultivée en pommes de terre est de 922,000 hectares; le Sud-Ouest n'en cultive que 11,490.

On emploie pour la semence 11,000,000 d'hectolitres, dont le prix est de 2 fr. 10 c., et d'une valeur de 22,000,000 de francs.

Le poids de l'hectolitre varie de 70 à 80 kilos. La partie nutritive est évaluée à 224 parties à l'état de crudité.

D'après la statistique, la récolte de pommes de terre qui était, en 1816, de 21,600,000 hectolitres, a été, en 1840, de 96,600,000 hectolitres.

La quantité disponible est évaluée à 85,000,000 d'hectolitres, ayant une valeur de 181,000,000.

7,500,000 hectolitres sont employés à la fabrication des fécules.

Le produit moyen de 100 hectolitres par hectare devrait être augmenté par une meilleure culture. En effet, *Schwerts* nous dit qu'en Brabant on obtient 500 hectolitres par hectare. *Burguer* l'évalue à 416 hectolitres, et en Angleterre à 289.

On consomme, en France, 78,440,000 hectolitres de pommes de terre d'une valeur de 168,000,000, plus 10,000,000 de fécule, estimés 13,000,000. Dans le Sud-

Ouest, la sécheresse de nos étés nuit à cette culture; c'est seulement une branche de richesse dans les montagnes.

BETTERAVES.

Cette racine est plus légère que la pomme de terre; elle ne pèse en hectolitre comble que 60 kilos.

Chaque hectolitre de racines contient 5 à 6 kilos de sucre, et cependant on n'en extrait que 3 à 4 kilos. Le prix moyen du quintal de betteraves est de 1 fr. 85 c.

On peut donner comme équivalent de 100 kilos de betteraves 40 parties de foin.

Comparée avec le turnep, les Anglais ont observé que la betterave donne plus de lait, mais qu'elle engraisse moins que le turnep.

L'étendue cultivée, en France, en betterave est de 57,663 hectares.

Le produit total des betteraves est évalué à 15,000,000 deux tiers de quintaux de racines, dont la valeur est de 85 cent. Total 29,000,000 de francs.

Chaque hectare produit 27,258 kilos.

Dans le Sud-Ouest le produit moyen n'est que de 14,958 kilos.

Les betteraves, dans les terres qui lui conviennent, donnent le double des pommes de terre.

L'effeuillage a donné lieu à un grand nombre d'expériences. *Schwerts* a reconnu qu'un premier effeuillage avait réduit le produit de 935 kilos à 852, qu'un second l'avait réduit à 539. (1)

(1) Dans le Sud-Ouest, où l'on ne cultive la betterave que pour la nourriture des bestiaux, l'effeuillage procure une nourriture fraîche pour les cochons et les vaches, ce qui est précieux avec la sécheresse de nos étés.

Un hectare de betteraves donne en feuilles 9,999 kilos, valant 910 kilos de luzerne à 3 fr. 20 c. le quintal.

Le Ministre évalue la récolte totale des betteraves à 16,000,000 de quintaux. Une grande partie est consacrée à la fabrication du sucre.

En 1828 le produit du sucre a été de	2,500,000 kil.
En 1836 de.	49,000,000
En 1842 de.	30,500,000

D'après la statistique on voit que 7,900,000 quintaux de betteraves auraient été consommés par l'agriculture sans augmentation de valeur, tandis que les 7,800,000 quintaux livrés à la fabrication du sucre ont produit une somme de 29,000,000.

La consommation du sucre varie d'une manière curieuse.

Ainsi, par individu :					
L'Angleterre consomme	10	kil.	La Suisse	3	kil.
La Belgique	7	5	La Prusse	2	5
La Hollande	7	»	L'Autriche	1	15
La France	4	»	L'Italie	1	»
			La Russie	»	65

L'importation du sucre en France est, en moyenne, de 44,700,000 francs, et l'exportation de 10,878,000; c'est donc 34,000,000 qu'il nous faut importer.

NAVETS, CAROTTES, TOPINAMBOURS.

Ces légumes ne sont cultivés que dans quelques localités.

L'étendue de cette culture est de 11,700 hectares.

Il est à regretter que le topinambour ne soit pas plus cultivé dans le Sud-Ouest.

CHOUX.

La statistique ne donne que des aperçus imparfaits sur cette culture. M. Royer en évalue le produit à 3,000,000 de francs pour une étendue de 10,000 hectares.

FÈVES ET FÈVEROLLES.

On cultive ces légumes avec succès dans le Nord et le long du Rhin dans une étendue de 10,000 hectares, dont le produit est de 20 hectolitres par hectare, et la valeur totale 1,900,000 fr. (1)

JACHÈRES, VACANTS.

La France compte 16,000,000 d'hectares, plus du tiers de sa superficie, presque improductifs. Le rapport estime la valeur d'un hectare de 2 fr. à 20, et le produit moyen à 80,000,000 de fr. Sur ce nombre il y aurait 6,000,000 d'hectares qui seraient susceptibles d'être mis en culture. Ce serait une grande ressource avec l'augmentation de la population.

CHÊNES-LIÈGE.

Le produit n'en est que de 24,000 fr. Mais M. Royer croit que l'on a commis une grande erreur, et que cette valeur devrait être de 10,000,000.

(1) Le rapport ne met pas en ligne de compte la récolte des fèves dans le Sud-Ouest. C'est cependant une culture d'autant plus avantageuse qu'elle entre parfaitement dans l'assolement triennal : blé, maïs, fèves. Si on fume la terre après avoir enlevé le maïs, et que l'on sarcle les fèves avec soin, on est certain d'avoir une bonne récolte de blé.

NOYERS.

Le produit de toutes valeurs des noyers peut être évalué à 32,000,000 de francs.

CHATAIGNERAIES.

La statistique évalue que l'étendue occupée par les châtaigneraies est de 455,000 hectares, dont le Sud-Ouest occupe une grande partie.

Le produit moyen, pour toute la France, est de 764 litres de châtaignes par hectare, et le prix moyen de 3 fr. 90 c.

Le total du produit est de 13,500,000 fr. L'hectolitre de châtaignes pèse 80 kilos, à peu de chose près autant que le plus beau froment. Son équivalent est 160 kilos de luzerne.

Nous exportons annuellement 460,000 kilos de châtaignes, valant 115,000 fr.

BOIS.

La France possède encore 8,800,000 hectares de bois qui produisent 30,500,000 stères de bois, valant 206,500,000 fr., environ 25 stères par hectare.

Les forêts de l'État, comprenant 1,042,000 hectares, produisent 4 stères 76 en moyenne.

Le prix moyen du stère est de 6 fr. 32 c., ou 31 fr. 35 c. par hectare.

En totalité 32,500,000 fr.

Les bois des communes et des particuliers produisent, en moyenne, 3 stères 99, valant 25 fr. 55 c.

En totalité 29,200,000 stères.

Dont la valeur est de 172,680,000 fr., et si on y ajoute les bois pour construction, charbon, nous aurons une valeur de 462,000,000.

Les forêts de la Couronne comprennent 53,000 hectares.

Le produit est évalué à 1,047,000 francs.

Le sol forestier compte 360,000 hectares, complètement improductifs, répartis dans vingt-six départements.

Les bois de vergers et de bordures sont évalués à 20,000,000 de produit.

Voici la récapitulation de la valeur des bois en produits :

Forêts de l'État.	32,500,000 f.
De la Couronne.	1,047,000
Des communes et particuliers. . .	172,600,000
Bois de bordures, vergers. . .	20,000,000
Total.	226,147,000 f.

Je dois dire que M. Royer, par des calculs spéciaux, évalue les produits des bois à 565,000,000.

Nous importons des bois pour. . . .	18,000,000
Nous en exportons pour.	6,000,000

C'est donc 12,000,000 de déficit.

VERGERS.

Le Ministre évalue le produit des vergers à 40,000,000, et le cidre à 84,000,000. M. Royer trouve ce chiffre trop faible, et il le porte à 278,000,000.

Les importations en fruits sont de. .	5,100,000 f.
Les exportations de.	5,300,000

JARDINS.

La statistique porte l'étendue des jardins à 360,000 hectares, et le produit total à 172,000,000.

Les importations en jardinage sont de 576,000 kil. ayant une valeur de 219,000 fr.

Les exportations de. . . . . . 3,000,000 kil. ayant une valeur de 817,000 fr.

Le Morbihan, la Haute-Garonne et l'Oise cultivent en ail et en ognon 266 hectares, d'une valeur de 189,000 f. Sur ce nombre la Haute-Garonne figure pour 81,000 fr.

PLUMES.

Il est inconcevable que la France soit obligée de faire venir de l'étranger des plumes pour une somme de 900,000 fr. Ce déficit est dû à la négligence des cultivateurs.

ABEILLES.

Le produit de la cire et du miel est évalué à 15,000,000. Cette quantité suffit à nos besoins. Cette culture est trop négligée.

OEUFS.

Le produit, en France, des œufs est de 3 milliards 720 millions, valant 52,000,000 de francs, ce qui suppose l'existence d'un million de poules. La ponte moyenne d'une poule est de 52 œufs. En 1836 la France a exporté pour 5,600,000 fr., sur lesquels l'Angleterre en a reçu pour 5,400,000 fr.

SANGSUES.

Nous importons pour un million de sangsues. C'est

une dépense qu'on pourrait économiser en revenant à l'usage de la lancette.

PRODUIT DES DIVERSES CULTURES.

PRODUITS.	NORD.	MIDI.
Froment	7,973,000	5,858,000
Vignes.	409,000	1,491,000
Vergers, pépinières. . .	567,000	191,000
Cultures diverses . . .	1,789,000	1,163,000
Prairies.	2,128,000	2,069,000
Prés artificiels	1,176,000	390.000
Jachères	3,487,000	3,280,000
Pâtus	2,327,000	6,278.000
Bois.	4,428,000	4,275,000
Domaine agricole . . .	24,[illegible]80,000	24,248,000

QUANTITÉ DE SEMENCE ET PRODUITS PAR HECTARE.

PRODUITS.	NORD.		MIDI.	
	SEMENCE.	PRODUIT.	SEMENCE.	PRODUIT.
	hect.	hect.	hect.	hect.
Froment	2 23	14 34	1 84	10 30
Épeautre	3 52	6 28	1 75	7 97
Méteil.	2 21	14 08	1 93	10 41
Orge.	2 25	14 90	2 03	12 16
Seigle	2 15	13 38	1 89	9 76
Avoine.	2 39	17 »	2 14	13 51
Maïs.	» 53	14 75	» 37	11 84
Pommes de terre . . .	13 95	129 90	8 44	80 33
Sarrasin.	» 86	12 38	» 82	12 10
Légumes secs.	2 27	14 30	1 42	9 30
Betteraves.	8 »	293 »	6 »	216 »
Houblon		1 74		
Colza	» 12	13 68	» 8	9 10
Chanvre	2 60	9 41	2 50	9 61
Filasse.		371 kilos.		402 kilos
Lin.	2 55	7 56	2 63	7 37
Filasse.		415 kilos.		276 kilos.
Tabac	17 q. m.	17 81		5 94
Garance.		33 q. m.		9q78
Vins.		25 hect.		16 hect.

On voudra bien observer en examinant ce tableau que la quantité de semence dans le Midi est bien au-dessous de celle employée dans le Nord, et de même que les produits sont plus élevés dans le Nord que dans le Midi (1).

Si on compare les régions entre elles, on trouve que c'est dans le Nord occidental que les produits par hectare sont les plus grands, et dans le Sud-Ouest que les produits sont les plus petits.

Il y a des différences dans les produits entre les départements de chaque région. Ainsi dans le

DÉPARTEMENT DE LA SOMME. — ON OBTIENT SEMENCE DÉDUITE :		DÉPARTEMENTS. — SEMENCE DÉDUITE.	
		HAUTES PYRÉNÉES.	TARN.
	hectol.	hectol.	hectol.
En Froment	16 31	10 80	8 22
Méteil.	14 86	12 48	9 14
Seigle.	14 30	12 25	8 83
Orge	16 83	12 53	10 54
Avoine.	19 87	12 19	9 46
Pommes de terre . . .	128 95		

(1) J'oserai croire que nous trouverions dans le Sud-Ouest des avantages à semer, comme l'indique le tableau, 2 hectolitres 20 par hectare. Nous avons généralement, dans le Sud-Ouest, que deux variétés de terres, l'une sur laquelle la gelée agit fortement, et l'autre composée d'argile ou de silicie sous-calcaire. Il résulte de cet état de choses que cette dernière qualité de terres redoute les fortes pluies de l'automne et celles du printemps, et ce n'est qu'avec des printemps peu humides qu'elles donnent de bonnes récoltes.

Il existe une grande différence pour les prix.

Ainsi :	Dans le NORD.	Dans le MIDI.		Dans le NORD.	Dans le MIDI.
	fr. c.	fr. c.		fr. c.	fr. c.
Le froment vaut	15 50	16 25	Sarrasin.	7 60	6 15
Le méteil . . .	11 90	12 45	Légumes secs. .	18 25	14 95
Le seigle. . . .	9 75	11 15	Betteraves. . . .	2 25	1 85
L'orge	8 15	8 55	Colza.	20 40	20 75
L'avoine	6 30	6 65	Graine de chanvre	13 95	18 15
Le maïs	11 05	9 35	Filasse.	0 85	0 85
Le vin.	12 85	10 90	Graine de lin. .	19 40	20 90
Pommes de terre	2 10	1 85	Filasse.	1 10	1 »
Le cidre	8 95	9 85			

Je viens de présenter l'état officiel de nos richesses agricoles, voyons à présent qu'elle en est la consommation.

CONSOMMATION EN BESTIAUX :			
En Bœufs . .	492,902 têtes.	Brebis. . .	1,330,000 têtes.
Vaches. .	718,954	Agneaux .	1,000,000
Veaux. . .	2,488,000	Porcs. . .	3,900,000
Moutons .	3,422,000	Chèvres. .	157,000
		Total de la consommation. . .	13,500,000

Si on compare le nombre d'animaux abattus avec ceux vivants, nous trouverons que sur 100 bêtes, bœufs et vaches, on consomme dans le Nord. . . . 37

Et dans le Midi. 15

Quant aux veaux, le nombre de ceux qu'on abbat est plus grand que ceux qu'on garde pour élever (1).

Pour les moutons, sur 100 têtes

On abat dans le	Nord.	Midi.
Moutons. . .	33	37
Brebis. . . .	9	8

Pour les porcs on élève en France 4,910,000 cochons.

L'abattage annuel est de 3,957,000 bêtes. Le Sud-Ouest en élève plus qu'il n'en consomme.

Nous allons examiner les divers prix de la viande en moyenne.

Le kilo.	NORD. f. c.	MIDI. f. c.	Le kilo.	NORD. f. c.	MIDI. f. c.
La viande de bœuf.	0 85	0 75	de brebis..	0 70	0 65
de vache..	0 70	0 69	d'agneau ..	0 75	0 95
de veau...	0 75	0 80	de porc. . .	0 45	0 50
de mouton	0 90	0 85			

VALEUR DE LA CONSOMMATION DE LA VIANDE.

	DANS LES 42 DÉPARTEMENTS du Nord.	DANS LES 43 DÉPARTEMENTS du Midi.
Les Bœufs . .	71,240,000 fr.	28,947,000 fr.
Vaches. .	56,940,000	14,367,000
Veaux.. .	37,800,000	19,450,000
Total de la valeur de la consommation du gros bétail 228,500,000 fr.		
RACE OVINE.		
Moutons .	26,134,000	23,806,000
Brebis . .	5,353,000	4,606,000
Agneaux .	972,000	4,646,000
Total de la valeur de la consommation. 66,000,000		
Porcs. . .	141,000,000	101,000,000
Valeur totale de la viande consommée. 548,000,000		

(1) Voilà deux causes qui expliquent nos misères en bestiaux. Nous

La quantité de viande consommée dans les quarante-deux départements du Nord est de 417,000,000 de kilos.

Et dans les quarante-trois départements du Midi de 253,000,000.

Sur 100 kilos, en prenant l'ensemble de la France, on consomme :

En bœuf. . . .	18 kilos.	Brebis. . .	3 kilos.
Vache.. . .	15	Agneau. . .	2
Veau. . . .	4	Porc. . . .	43
Mouton. . .	8		

En 1837 nous avions en France 10 millions de têtes de gros bétail, pesant en moyenne 192 kilos, équivalant à 4 veaux, à 15 moutons et à 6 porcs.

NOURRITURE.

Dans le chapitre des consommations pour la nourriture de toute la France, le Ministre établit que la consommation de chaque Français est par jour

de 1 once 2 tiers de viande,
de 5 onces de vin,
de 2 onces de cidre,
de 16 onces de pain.

consommons plus de vaches que de bœufs. Nous diminuons ainsi la production, et nous abattons 2 millions de veaux. Il résulte de cet état de choses que nous sommes obligés d'acheter des bœufs ou des vaches pour 8 millions. Ne pourrait-on pas remédier à cet inconvénient en diminuant les droits d'octroi sur les bœufs et en augmentant ceux sur les vaches et les veaux.

Quoique le Ministre ne donne pas l'aperçu des légumes de toute espèce, on peut l'évaluer à 5 onces.

M. Rubichon observe à ce sujet qu'avant la publication de ces documents officiels M. Charles Dupin assurait à la Chambre des Pairs « que le peuple français « était mieux nourri, mieux vêtu que les autres peuples, « sans même en excepter l'Angleterre, en même temps « que le partage des terres entre des millions de Fran- « çais garantit chacun contre l'absolu denûment, même « dans le temps de disette. »

Le rapport du Ministre est venu détruire les illusions du noble pair, il nous a dit, à la tribune, que lorsqu'un Français ne consommait annuellement que 20 kilos de viande, chaque Anglais en consommait 68, ce qui fait 6 onces par jour au lieu de 1 once 2 tiers.

M. Rubichon nous fait connaître un mémoire lu à l'Académie des sciences qui nous fait connaître la consommation de Paris à diverses époques.

	1789.	1817.	1827.	1837.
Avec une population de	600,000	714,000	802,000	884,700
Viande de boucherie.	147 kil.	110 90	110 03	98 11
Viande à la main. . .	1	1 06	8 02	8 09
Viande de porc. . . .	9 12	20 09	18 01	17 03
Volaille, gibier. . . .	22 09	19 01	18 04	13 02
Fromages	5	8 11	10	11
Beurre.	9	11	20	15
Vin, bouteilles	120	114	126	111
Bière	9	11	20	13
Eau-de-vie.	4	6	5	4 1/2
Bois en voies.	1 voie.	1/2 voie.	1/2 voie.	1/2 voie.

On voit par ce tableau que la population de Paris ayant augmenté en quarante-huit ans de 284,000 habitants, la nourriture aurait dû augmenter d'un quart, tandis qu'elle a diminué d'un septième.

La consommation de toute nature, à Paris, présente quelques détails assez curieux.

En chapons et poulardes	1,078,000 fr.	Canards. .	24.000 fr.
Poulets	2,222,000	Pigeons. .	712.000
Dindons.	1,600,000	OEufs. . .	5,650,000
Oies.	1,426,000		

Nous concluerons de cet article de la nourriture que lorsque chaque Français consomme, en règne végétal, 16 onces de pain, chaque Anglais en consomme au-delà de 32 onces. Il est facile de donner l'explication de cette différence, puisque l'agriculture anglaise a pu fournir à chaque individu 68 kilos de viande, comme le dit le Ministre, elle a pu engraisser le sol dans la proportion de 68 charretées de fumier, lorsqu'en France on n'en a que 20.

Les légumes et les pommes de terre, nous dit M. Rubichon, bien qu'elles fournissent un aliment sain, ne sauraient donner à l'ouvrier la force corporelle et l'énergie morale nécessaire pour un grand travail. En effet, il résulte des expériences faites par la Faculté de médecine que

La pomme de terre contient trois fois moins de principes nutritifs que le pain,

Trois fois et demi que le ris, les haricots, les lentilles et les pois, et quatre fois moins que la viande. Un fait curieux vient à l'appui de ses observations.

M. Benoiston de Châteauneuf, voulant prouver la puissance d'une nourriture substantielle sur le travail de l'ouvrier, nous dit :

Que dans une exploitation de machine à vapeur, établie à Charenton, M. Mamby remarqua une grande inégalité de travail entre les ouvriers anglais et les ouvriers français qu'il occupait aux mêmes ouvrages. Croyant en trouver la raison dans la différence des aliments, il prit des mesures pour que les Français fussent nourris aussi bien que les Anglais. Dès ce moment toute différence entre eux disparut.

On a encore observé qu'en Amérique où les prisonniers reçoivent une livre de viande par jour, ils travaillent plus que ceux d'Angleterre qui ne reçoivent qu'une demi-livre.

Un autre fait vient confirmer cette observation.

Les condamnés renfermés dans la maison centrale de Riom polissaient chaque jour 120 pouces de glaces : on a augmenté leur nourriture, et ils en polissent à présent 340 pouces.

APERÇU SUR LES BOEUFS COMME SUBSISTANCE.

Il a été constaté par les discussions qui ont eu lieu aux Chambres que la race bovine diminue progressivement en France, et par conséquent que le prix de la viande a dû augmenter, et par suite la consommation diminuer.

A Paris le prix du demi-kilo de bœuf est de 61 à 62 c., celui du mouton de 68 à 89 c., et le veau à un prix plus élevé. M. Guizot, dans la séance du 31 mars 1845, nous disait que le prix de la viande, dans les neuf régions d la France, avait augmenté.

Dans le Nord, de. . .	11/00	Dans l'Est.	21/00
Dans le Nord-Ouest. .	22/00	Dans le Sud-Est. . . .	38/00
Dans le Nord-Est. . .	28/00	Dans le Sud-Ouest. .	23/00
Dans le Sud.	30/00	Dans l'Ouest.	17/00
Dans le Centre. . . .	19/00		

Il résulte de cet état de choses que la classe ouvrière paye 15 c. de plus le demi-kilo qu'en 1822.

Pour bien saisir la position actuelle il faut citer un fait. En 1824 l'adjudication pour la fourniture des hôpitaux de Paris fut de 66 centimes et demi; en 1839 elle a été de 1 fr. 4 c. un quart.

La commission municipale constate que le nombre des bœufs entrés dans Paris a été de 1819 à 1829, en moyenne, par année, de 75,000 têtes; et de 1829 à 1839, la moyenne a été de 69,000. Il y a eu diminution de 6,000 bœufs, et cela en présence d'une augmentation de population de 200,000 individus.

Voilà un résultat bien contraire au principe que les subsistances doivent augmenter dans la même proportion que la population. Une des causes qui ont contribué à la diminution des bestiaux, c'est l'usage qui s'est établi à Paris et en France de consommer une grande quantité de viande de vache, il en est résulté que les produits ont diminué considérablement.

C'est un fait digne de remarque, a-t-on dit à la Chambre des Pairs, que l'accroissement de la viande par l'effet des octrois.

En 1789 la consommation moyenne de chaque habitant était de 47 kilos de bœuf.

En 1812, après l'établissement des octrois, la consommation de la viande descendit à. . . . . 37 kil.

En 1830 à. 28

En 1841 à. 24

Et une comparaison curieuse à faire, c'est que d'après M. de Lamare le nombre des bœufs entrés à Paris, en 1722, pour la consommation de 500,000 habitants, était de 70,000 bœufs, tandis que cent ans après, pour une population de 800,000 individus, elle n'a été que de 69,000 têtes.

Écoutons ce que dit le Ministre en 1841. « Il nous dit » que le prix de la viande a augmenté et que l'élève des » bestiaux n'a pas augmenté dans la même proportion. » Il y a plus, dit-il, l'industrie des éleveurs est moins » avancée qu'elle l'était autrefois. » (1)

Ainsi, pour Paris, de 1821 à 1834, la moyenne du poids des bœufs était 350 kilos.

Et aujourd'hui elle n'est que de 327.

Le poids des bœufs diminuant ainsi, le prix de la viande a dû augmenter, et il en est résulté que lorsqu'en 1822 un bœuf de 350 kilos valait 315 fr., le bœuf d'aujourd'hui pesant 321 kilos vaut 382 fr.

Dans les observations que présente M. Rubichon sur cette importante question, il cite le rapport de la commission municipale de Paris. « Le commerce de la viande » est dans un tel état, qu'il a éprouvé un grand nombre » de faillites. Que la moyenne du poids des bœufs a di- » minué dans une grande proportion, que chaque ani- » mal donne 10 p. 100 de moins qu'auparavant, que » la consommation de la viande de vache a usurpé sur

(1) Il faut dire que depuis le concours de Paris on remarque de grands progrès dans la manière d'engraisser les bœufs.

» celle du bœuf de 1 à 5, que M. Orfila a fait un rapport » sur l'insalubrité et le poison que donne une partie de » ces vaches, que dans la viande à la main on y mêle du » bélier et du cheval, enfin que la consommation des » issues, destinée jadis à l'engraissement des porcs, est » de soixante-six fois plus forte qu'en 1812, que cette » consommation usurpe encore sur celle du bœuf de » manière qu'un Parisien qui, en 1769, consommait » 46 kilos de viande, et en 1822, 37, n'en consomme » en 1841, que 22 kilos et 1/2. »

Nous n'élevons pas assez de gros bétail. Nous ne comptons qu'une tête de gros bétail que par 354 ares; c'est évidemment trop peu. Le Sud-Ouest est signalé par les inspecteurs d'agriculture par le peu des bestiaux qu'il élève, tandis que le Finistère en possède une tête par 79 ares, et le Morbihan une par hectare.

D'après M. Royer une tête de gros bétail crée annuellement :

1° Intérêt des bâtiments.	3 fr.	
2° L'intérêt du capital.	15	
3° 40 quintaux de fourrage.	120	
4° L'intérêt de ce fourrage.	6	
5° 80 quintaux de fumier, faisant produire 10 hectares de froment.	158	50
Total. . . .	302 fr.	50

On voit d'après ce calcul les bénéfices que le propriétaire obtiendrait de l'augmentation des bestiaux sur la terre, si on lui procurait des capitaux pour remédier à ce grave inconvénient. Le Ministre nous a dit, en 1842, qu'il faudrait que l'agriculture passât à l'état commercial, et que les capitaux et le crédit vinssent la féconder.

Le Ministre a raison; mais comment la féconder quand elle est écrasée par 800 millions d'impôts, et sous le poids d'une dette hypothécaire de 11 milliards.

Le Ministre jette un cri d'alarme à ce sujet; il assure que le gouvernement connaît ses devoirs et qu'il les remplira. Nous sommes en 1847, et aucune mesure n'a été prise pour organiser l'agriculture; et cependant il faut pourvoir à la subsistance de 35 millions d'individus.

CE QUE PAIE L'AGRICULTURE.

En 1842, le budget porte la contribution foncière à	271,036,940 fr.
Contribution personnelle et mobilière, pour la propriété.	50,277,916
Portes et fenêtres, pour la propriété.	28,247,619
Taxes d'avertissement.	624,302
Enregistrement, greffe, hypothèques pour 8/9 de la propriété.	173,987,563
Droit de timbre pour 1/4.	8,180,500
Pour les communes, frais de régie des bois et produits.	34,862,000
Droits sur le sel, dont la propriété paie les 8/9.	57,816,889
Droits sur les boissons.	94,430,000
Sur le sucre indigène.	7,035,000
Sur le tabac, pour 8/9.	88,838,000
Sur la taxe des lettres, pour 1/10.	408,000
Poids et mesures, pour 1/10.	100,000
Total.	816,144,759

Il faut observer que M. Royer, qui a fait ce relevé, n'a rien attribué à l'agriculture sur

Les patentes qui paient 41,032,000

Sur les droits de douane et de navigation. 137,020,000

Sur les poudres et diverses contribu-

tions. 42,179,000
Sur divers produits des postes. . . 6,065,000
Sur divers produits. 25,658,000

Il y a encore un grand nombre de charges publiques qui pèsent en partie sur la propriété, les droits d'octroi, taxes de pesage et mesurage, droits de grande et petite voirie, droits de vente dans les halles et marchés, stationnement sur la voie publique, frais de mariage et d'enterrement, prestation en nature pour les chemins vicinaux, frais de procès, etc. M. Royer nous dit que tous ces impôts réunis aux budgets communaux et départementaux doublent au moins les 827 millions des charges de l'agriculture. C'est bien le cas de dire :

Qu'il y a quelque chose à faire.

APERÇU SUR LES CHEVAUX.

On a vu à l'article *Race chevaline* que notre richesse consiste en 2,800,000 têtes, savoir :

1,270,000 chevaux,
1,194,000 juments,
352,000 poulains.

C'est bien peu, mais nous ne pouvons pas en France, comme en Angleterre, nous livrer à l'élevage des chevaux. C'est une véritable passion pour les Anglais. D'ailleurs la noblesse anglaise, nous dit M. Rubichon, possédant la majeure partie du sol, et ayant d'excellents herbages, favorisés par un climat humide, peut se livrer avec succès à cette branche d'agriculture. Il n'est pas rare de trouver chez des seigneurs anglais 200 chevaux dans leurs écuries. On a vu, pour saillir une jument, payer 2,500 fr.

Le célèbre cheval l'*Éclipse* a rapporté à son maître 625,000 fr. par les saillies. Il a laissé 300 produits.

En France, la propriété étant plus divisée, le propriétaire se contente d'avoir une jument poulinière.

Dans le Sud-Ouest il y a de l'avantage à entretenir de fortes juments qu'on livre au baudet, et dont les produits sont vendus avantageusement en Espagne et dans le bas Languedoc.

Nos pertes en chevaux, par l'effet des guerres de l'Empire, ne sont pas réparées. Le gouvernement a adopté les dépôts de remonte. Leur action ne s'étendait, en 1831, que sur quinze départements; mais en 1841 c'est sur soixante-trois. La commission des haras déclarait que 4,000 étalons de choix étaient indispensables, tandis que l'administration des haras n'en possède que 800 auxquels il faut ajouter 177 étalons approuvés.

En 1788, *Presseau* se lamentait de ce que la France ne possédait que 3,000 étalons.

En 1842, une commission, composée de généraux de cavalerie, fit un rapport à M. le maréchal duc de Dalmatie. Cette commission examina tous les systèmes suivis depuis cinquante ans, et approuva la formation des dépôts de remonte. Elle observa que par suite de l'amélioration des casernes les pertes de chevaux qui s'élevaient, en 1841, à 126 sur 1,000 chevaux, se sont réduites à 71, en 1844. Ce qui représente une économie de 12 millions.

Il est impossible de nous procurer les chevaux nécessaires à cause de la diminution de la production que la commission attribue à la division de la propriété qui diminue chaque jour les produits, et cependant nous avons besoin, en cas de guerre, de 107,000 chevaux, savoir :

56,624	chevaux	de troupe,
42,076	—	d'artillerie,
621	—	du génie,
7,728	—	pour les équipages.
107,049		

APERÇU SUR LES BÊTES A LAINE.

Le nombre des bêtes à laine est de 32 millions et celui de l'Angleterre de 140, et cependant nous avons presque le double de surface, et un climat qui convient mieux aux troupeaux.

Non-seulement nous sommes loin d'égaler nos voisins en quantité, mais encore sous le rapport du poids et de la graisse. Aussi est-ce avec peine que l'on voit dans le Nord la tendance des grands propriétaires à produire de la laine superfine, et cela aux dépens de la taille et de la graisse. Et c'est principalement les deux produits dont s'occupent les Anglais. Le marquis d'Exester a présenté au club agricole des moutons âgés de trente-deux mois dont les quatre quartiers pesaient 210 livres (1).

M. de Mortemart dit que les quatre quartiers de la race Dishly, à laine longue, pèsent 110 livres;

Et ceux de la race Kent, 100.

(1) On dira que cet engraissement a coûté en frais plus qu'il ne rapporte; mais peu importe à l'État que le marquis d'Exester dépense, se ruine même, en engraissant des moutons. L'essentiel pour l'État c'est qu'il fasse produire plus de viande et de graisse.

Et d'après M. Ternaux le nombre des bêtes à laine de trois à quatre ans tuées en Angleterre fournissent, en moyenne, 60 livres de chair ou de graisse, ce qui, pour 15 millions d'habitants, donne 50 livres par individu; tandis qu'en France nous n'avons que 4 à 5 livres pour chaque Français.

Il est résulté de l'augmentation des troupeaux, en Angleterre, que le produit en viande a quadruplé, ainsi que la production des cuirs et du suif; et enfin que la quantité d'engrais a éprouvé la même augmentation, non-seulement en quantité, mais même en qualité; l'engrais du mouton étant bien autrement actif que celui du bœuf.

Il ne faut donc pas être surpris si en céréales les Anglais obtiennent 24 hectolitres par hectare, tandis qu'en France, d'après le Ministre, nous n'en récoltons que 12.

SUBSISTANCES.

Sur cet objet d'une si grande importance le Ministre établit le prix qu'elles valent sur les lieux, et il indique la proportion pour laquelle elles entrent dans l'ensemble de la nourriture. Ainsi, il suppose 100 rations de subsistance en nourriture végétale pour les hommes et pour les bestiaux, et il établit que le froment et le méteil représentent. . . . . . 60 parties sur 100.

Le seigle. 24

La pomme de terre. . . . 7

Le maïs. 4

Le sarrasin. 5

Le Ministre déplore que nous ne récoltions que 60 millions d'hectolitres de froment.

L'enquête officielle faite en Angleterre, en 1836, établit que la récolte moyenne est de 18 millions de quarters (54 millions d'hectolitres);

Que depuis quelques temps on a remplacé le froment rouge par le blé blanc, dont la qualité est supérieure et plus productive.

L'enquête établit que le boisseau qui, en moyenne ne pesait que 56 livres, en pèse aujourd'hui 62, et que le grain produit moins de son et plus de farine, et enfin que cette farine prenant plus d'eau, donne un pain plus nutritif (1).

L'enquête anglaise établit qu'en 1836 l'Angleterre, peuplée de 18 millions d'habitants, récoltait 54 millions d'hectolitres, ce qui donne une ration de 3 hectolitres de blé; tandis que la France, avec une population de 35 millions, n'en produit que 60 millions, ce qui porte la ration à moins de 2 hectolitres; et une observation importante à faire, nous dit M. Rubichon, c'est que cette ration diminue en France et qu'elle augmente en Angleterre.

Plusieurs causes ont amené cette différence. Une des plus importantes est celle de la composition de la propriété dans les deux pays.

En 1836, l'Angleterre comptait 2,700,000 familles d'individus, dont 760,000 familles étaient livrées à l'a-

(1) Je présume que ce blé est une variété de blé blanc, sans barbe, que l'on sème dans certaines localités du Sud-Ouest. Au reste, si cette espèce de froment contribue à donner plus de farine, la culture y contribue aussi. On voit en effet que du blé semé sur jachère donne un grain plus pesant et mieux nourri que celui semé sur défrichement de trèfle.

griculture. Chacune de ces familles produisait 70 hectolitres de blé.

En France , nous avons 4,800,000 familles occupées à l'agriculture. Chaque famille ne produit que 12 hectolitres un quart.

Le Ministre, dans son rapport au Roi, donne comme dédommagement du peu de céréales que nous récoltons les ressources en subsistances que nous procurent les pommes de terre; mais c'est substituer à une nourriture qui contient comme le blé 60 parties de substance nutritive, une qui n'en contient que 7. C'est réduire la ration en pain à 1 hectolitre 3 quarts, tandis que la ration du soldat est de 4 hectolitres; et même le maréchal Saint-Cyr, dans ses mémoires, trouve que le soldat n'est pas assez nourri.

Dans le fait, le dédommagement présenté par le Ministre se réduit à substituer l'aliment des bestiaux à l'aliment des hommes, et si des circonstances imprévues venaient à compromettre la récolte des pommes de terre, l'insuffisance des blés pourraient amener la disette.

Il faut donc faire produire plus de céréales.

Le Ministre observe que dans chaque région l'hectare de terre produit d'autant plus, que la contrée contient de plus riches propriétaires, et cela en raison du plus ou moins de la division de la propriété. Ainsi dans les 5,200,000 cotes au-dessus de 5 fr. on trouve une augmentation de 1815 à 1825 de 2 p. 100.

Et de 1825 à 1835 de 6 p. 100.

Le rapport évalue le nombre de cotes de 1,000 fr. et au-dessus à une moyenne de 1,726. Ce qui suppose 17,000 fr. de revenu.

Le nombre de propriétaires ayant 17,000 fr. de revenu est de 1,788 dans le Midi.

revenu est de	1,788	dans le Midi.
De	2,248	dans le Nord occidental.
Et de	6,831	dans le Nord oriental.
Total. . .	11,867	

Il est bon d'observer que les produits suivent la même proportion.

SUR L'ENREGISTREMENT.

Nos économistes se sont fort occupés des effets de cet impôt, mais c'est surtout M. Rubichon qui a donné des aperçus curieux sur cette matière.

M. le Garde des sceaux, dans son rapport fait au Roi, dit que les biens par héritage, de 1826 à 1835, se portent à une valeur de. 9,300,000,000

Que ceux par donation à. . . .	2,149,000,000
Ceux par vente à.	11,880,000,000
Total.	23,329,000,000

Il résulte de ce tableau que la valeur des mutations qu'ont éprouvées les biens immeubles, a été dans dix ans, de 23 milliards 329 millions, c'est-à-dire les 39 p. 100 de la propriété foncière.

Pour les biens meubles :

Par héritage.	5,090,000,000
Par donation.	2,650,000,000
Par vente.	4,036,000,000
Total. . .	11,776,000,000

Ces 35 milliards de meubles et immeubles transmis dans dix ans ont exigé un nombre immense d'actes.

Dans son rapport au Roi, le Ministre porte le nombre de notaires en exercice dans le royaume à 9,945, dont 412 de première classe, 1,431 de seconde, et 8,130 de la troisième.

Ces 9,945 notaires ont retenus ensemble 3,450,000 actes de toute nature; c'est en moyenne 314 actes par notaire, et un acte par dix habitants. Dans la Haute-Garonne c'est un acte par vingt-et-un habitants; dans le Tarn-et-Garonne un acte par sept individus.

Le produit de l'enregistrement a été

En 1815 de 105,000,000.
En 1826 de 136,000,000.
En 1840 de 175,000,000.

Le Ministre considère cette augmentation comme une preuve de prospérité. C'est une grande erreur que M. Rubichon s'est empressé d'éclaircir. En effet, les impôts qui portent sur des objets créés par les récoltes, tels que bestiaux, laines, vins, ceux-là n'attaquent que le revenu, et sont variables de leur nature. Ainsi si les produits agricoles sujets à l'impôt et aux droits d'octroi augmentent, nul doute que le propriétaire a dû augmenter son revenu.

Mais les autres impôts, tels que l'enregistrement, l'impôt foncier, les droits de succession surtout, sont une confiscation, sur le revenu et le capital, d'autant plus cruelle, qu'elle frappe la famille au moment de la mort du chef, ou de la ruine de sa fortune qui le force à vendre.

Il résulte de cet impôt de confiscation qu'il diminue constamment à chaque renouvellement des familles le capital de leur fortune, et attaque les immeubles dans une proportion de 60 p. 100.

Ainsi, nous dit M. Rubichon, d'après le tableau officiel les mutations en propriétés foncières se sont élevées à 23 milliards, c'est-à-dire à la moitié de la valeur de la propriété foncière; ce qui, d'après *Malthus*, doit amener le Gouvernement à être le seul propriétaire.

Il faut donc diminuer les droits énormes de l'enregistrement qui pèsent si fortement sur l'agriculture.

M. Rubichon cite un fait curieux tiré des comptes des finances de l'Angleterre.

En 1789 la Grande-Bretagne ne consommait que 52 millions de chandelles et 57 millions de livres de savon. M. Pitt, alors ministre, fit ce raisonnement : Si l'agriculture est la seule source de la richesse des empires, les bestiaux sont les seules sources des richesses de l'agriculture. Mais l'achat des bestiaux exige de grands capitaux, il faut donc les procurer. Il proposa un emprunt dont l'intérêt et l'amortissement seraient payés par l'accroissement de l'impôt.

M. Fox attaqua vivement ce projet; mais le Parlement l'adopta.

A cette époque la Banque d'Angleterre avait le privilège exclusif d'émettre dans tout le royaume des billets de banque. M. Pitt restreignit ce droit à 12 lieues de Londres, et accorda à toute maison de banque qui s'établirait hors du rayon de 12 lieues le même avantage qu'avait la Banque de Londres. Leurs billets étaient exempts du timbre et étaient reçus au Trésor. Il ne s'établit pas moins de 700 banques. Les grands propriétaires s'y associèrent, et il s'établit des comptes courants.

L'établissement de ces banques créèrent d'immenses capitaux à un intérêt de 4 p. 100. La production de l'agriculture augmenta d'une manière surprenante, et en 1839, cinquante ans après la belle opération de M. Pitt, la production du savon s'était élevée de 40 millions à 170. Les chandelles avaient suivi la même progression, et ce résultat permit au Parlement de supprimer l'impôt sur les chandelles.

Voilà ce qu'on peut appeler prospérité matérielle avec évidemment plus de raison que l'accroissement de l'enregistrement; et comme dans ces cinquante ans la population anglaise n'a que doublé, il se trouve que chaque famille a consommé le double de savon, de chandelle, de viande, de grains et de vêtements en laine que ce qu'elle consommait il y a cinquante ans.

On peut conclure de cet exposé sur l'enregistrement que ces droits attaquent le capital foncier des familles, et que dans un temps donné le capital foncier sera presque absorbé par le Trésor, comme l'a prédit *Malthus*.

DIVISION DE LA PROPRIÉTÉ (1).

Il semblerait à la rapidité de la division de la propriété qui a lieu en France que la prophétie du grand *Nostradamus* doit se vérifier. En 1500 ce prophète disait dans sa deuxième centurie :

Les lieux publics seront inhabitables,
Pour champs avoir trop grande division.

Que dirait-il s'il voyait à présent la France ayant 170 millions de parcelles.

(1) Depuis trente ans je n'ai cessé de signaler les dangers de la division des propriétés. La diminution des productions n'a que trop justifié mes craintes et démontré l'importance d'y remédier.

Dans les *Annales de Roville* on s'exprime ainsi :

« Quelle confusion ne serait-ce pas s'il n'existait » dans les villes aucune rue, et si chaque maison n'avait » pas d'issue? Eh bien! au détriment de l'agriculture, » la première de nos industries, ce cahos existe pour les » nombreux territoires ruraux, morcelés, enclavés, qui » existent en France.

» Il est notoire que sur un domaine composé d'une » grande quantité de petites pièces, et on en compte » tant en France, il y a une grande perte de temps dans » les travaux ; il y a à craindre les anticipations des voi- » sins, des querelles, des procès qui enlèvent la portion » la plus claire du revenu. La confusion d'un territoire » découpé, enclavé, est un obstacle aux améliorations » agricoles. »

En 1836, M. le duc de Gaëte disait qu'en 1815 les taxes qui s'élevaient à 1,000 fr. étaient au nombre de 17,000, que celles au-dessus de 500 fr. étaient de 40,000, et celles au-dessus de 20 fr. au-dessus de 8 millions. Il ajoutait que depuis 1815 jusqu'à ce jour le nombre des taxes de 20 fr. a augmenté d'un neuvième, et les taxes de 1,000 fr. ont diminué d'un tiers. Il cite une commune des Basses-Pyrénées qui avait 800 cotes, dont 450 ne payaient pas 20 centimes, et dont le revenu ne dépassait pas 5 fr.

Tous les graves inconvenients du morcellement ne cesseront que quand les propriétaires réclameront fortement la réunion des parcelles. Plusieurs conseils généraux se sont empressés de faire des réclamations à cet égard.

C'est cette situation de l'agriculture qui a fait placer la France à l'avant-dernier échelon de l'échelle agricole par M. Jacob, délégué du Parlement anglais pour constater l'état de l'agriculture dans chacun des États de l'Europe.

On dira sans doute que tous ces inconvénients sont exacts pour la division extrême de la propriété; mais qu'il n'en est pas de même pour les propriétés de 10 et 20 hectares cultivées par le propriétaire lui-même; mais comment se procureront-ils les capitaux nécessaires pour augmenter leurs bestiaux? Les hypothèques sont là, sans bestiaux, et surtout sans troupeaux, ils n'auront pas les engrais, sans lesquels on n'obtient pas de belles récoltes. Ils ne peuvent améliorer leurs terres par des transports de terre, par la marne, par la chaux et par des fossés pierreux, ce ne sont pas ces *Pagès* qui exécuteront la méthode Smith dont je rendrai compte. Ce petit propriétaire n'a d'autre but que de retirer de sa terre tout ce qui est nécessaire à sa famille. Il lui faut du blé, des pommes de terre, du maïs, du chanvre, du lin. Toute sa terre est en récolte, son chanvre, son lin, son jardin consomment la plus grande partie des engrais. En agriculture le travail ne suffit pas. Les céréales, le maïs épuisent le sol; il faut donc avoir recours aux engrais ou à des plantes fourragères qui puissent rendre au sol une nouvelle fertilité.

A ces petits propriétaires, nous comparerons la propriété moyenne de 100 et 150 hectares, la seule qui peut produire le plus. Si ces propriétaires peuvent se procurer des capitaux, ils peuvent se livrer à de grandes améliorations, consacrer une partie du sol aux fourrages artificiels, surtout à la luzerne; ils pourront entretenir un grand nombre de bestiaux, élever un beau troupeau, et se procurer par ce moyen une masse d'engrais. S'il est à même de faire usage de la marne, s'il peut se procurer la chaux à un prix modéré, nul doute qu'il obtiendra une supériorité de produits sur le petit propriétaire. S'il est capable et économe il fera des économies. S'il est dépensier, s'il combine mal ces améliorations, il fera mal ses affaires et se ruinera peut-être; peu importe à l'État, qui profitera de l'augmentation des produits qu'il aura obtenu. C'est cette propriété moyenne de 100 à 150 hectares qui est appelée à la restauration de notre agriculture, comme je le proposerai à la fin du mémoire.

Veut-on juger de l'effet du morcellement : dans le département de Seine-et-Oise, la commune d'Argenteuil, dont la surface cadastrale est de 1,550 hectares, se trouve divisée en 36,890 parties. En voici la division :

COTES.	contenance		IMPÔT.		COTES.	contenance		IMPÔT.	
	ares	cent	fr.	c.		ares	cent.	fr.	c.
490	0	40	0	21	1,557	0	70	0	6
649	0	70	0	62	1,531	0	63	0	39
1,526	0	43	0	9	1,557	0	70	0	6

Il faut observer qu'un grand nombre de parcelles sont enchevetrées les unes dans les autres. Où s'arrêtera cette division? Le Ministre nous a dit que le nombre des cotes de 20 fr. ont augmenté d'un neuvième, et celle de 1,000 fr. ont diminué d'un tiers.

M. Malthus a dit : « On fait présentement en France » une effrayante épreuve des effets que peut produire la » division de la propriété par suite de la loi de succes-

» sion. Ce pays sera au bout d'un siècle remarquable » par son extrême indigence. Il n'y aura plus d'autres » personnes riches que celles qui recevront un salaire » du Gouvernement. Ainsi ce pays soumis à cette légis- » lation doit finir par le despotisme militaire, terrible » aristocratie. »

APERÇU SUR L'AGRICULTURE DES DEUX NATIONS.

La division du sol entre les 4,400,000 familles françaises employées à notre agriculture se compose de 190,271 familles formant la grande et moyenne propriété de la France; la petite se compose de 3,400,000 familles. 406,000 familles n'ont pas de propriété.

En Angleterre, au contraire, la propriété est entre les mains de 32,000 familles, employant l'un dans l'autre 6 fermiers.

On peut conclure de cette situation respective, qu'en France la propriété est trop divisée, et qu'en Angleterre elle ne l'est pas assez.

Nous allons à présent comparer les produits de 1,000 familles anglaises et de 1,000 familles françaises.

1,000 FAMILLES ANGLAISES vivant de l'agricult.		1,000 FAMILLES FRANÇAISES vivant de l'agricult.	PRODUITS DE L'ANGLETERRE avec 14 millions d'individus.	PRODUITS DE LA FRANCE avec 35 millions d'individus.
En chevaux	273	65	170,000	40,000
Bœufs..	1,230	203	1,250,000	800,000
Moutons	11,000	1,640	10,250,000	5,200,000

La cause de cette différence est nécessairement dans les deux pays dans la division de la propriété et dans le système de culture que les deux nations ont adopté. Ainsi sur 100 hectares

L'ANGLETERRE CULTIVE :		LA FRANCE CULTIVE :
En jardins, parcs.	3 hectares.	4 hectares.
Pâturages	68	6
Terres labourables.. .	11	49
Vignes.	0	5
Bois.	4	10
Landes vacantes. . . .	8	18
Eaux, routes, villes.	6	8

Par ce système de culture des deux pays l'Angleterre ayant élevé onze fois plus de bestiaux, puisqu'elle possède onze fois plus de pâturages que la France, ils ont pu augmenter dans la même proportion les produits du règne animal, tels que cuirs, laine, viande, et ont pu faire prospérer les autres industries.

Il résulte de cette situation que l'agriculture anglaise est en progrès, et pour la France le présent est stationnaire et l'avenir menaçant.

NOUVEAU MOYEN D'AMÉLIORER LE SOL.

Voici un moyen d'améliorer le sol dont les Anglais ont éprouvé de bons résultats.

Un écossais, M. Smith, établit dans chaque champ, de la partie élevée à la partie basse, des fossés souterrains dont le fond est à 30 pouces de la surface du sol. Ces conduits sont à 4 mètres de distance les uns des autres. M. Smith couvre ces fossés avec des tuiles concaves, après les avoir remplis de cailloux. De cette manière l'eau des fortes pluies s'écoule dans les rigoles souterraines, et pendant les grandes chaleurs les tiges des plantes étant brûlantes à la surface aspirent la fraîcheur conservée dans les fossés et végètent avec vigueur. Avec ce genre de culture, l'herbe n'a plus l'aigreur que donne la stagnation des eaux, ni la dureté que donne la sécheresse; les fourrages sont de meilleure qualité, plus propres à l'engraissement, et c'est ainsi que le poids des bestiaux s'est élevé de 100 à 150 (1).

Les Anglais nous disent qu'abondance, richesse, force ne s'obtiennent que par l'agriculture; que la prospérité ne s'obtient que par des prairies, et les prairies par l'agglomération du sol et la perpétuité de possession. C'est aux droits de primo-géniture du sol et à la perpétuité de possession qu'ils attribuent la prospérité de leur agriculture.

M. Rubichon a examiné quels étaient les résultats de cette loi de succession.

Il résulte des pièces officielles qu'en Angleterre sur 100 chefs de famille il y en a 85 dont l'héritage n'est pas

(1) Le moyen proposé par M. Smith est suivi depuis longtemps dans le Sud-Ouest, avec cette différence que nous formons nos fossés pierreux avec plus d'économie. Au lieu de remplir les fossés de cailloux, recouverts par des tuiles concaves, nous garnissons les deux côtés de gros cailloux que l'on recouvre par des pierres plates, de manière à former une rigole ouverte, qui n'est pas sujette à s'engorger comme celles remplies de cailloux. Quand le champ a de la pente, les *fossés pierreux* établis dans la partie élevée sont une dépense inutile, les eaux se rendant toujours dans la partie basse, et c'est dans cette partie qu'il faut multiplier les fossés pierreux et leur donner une issue. C'est de cette manière que j'ai construit 25,000 toises de fossés pierreux qui ont amélioré ma terre.

de 500 fr., et par conséquent les cadets n'ont pas à se plaindre, tous également pauvres, ils ne vivent que de leur travail. Il n'y a donc sur les 100 décédés que 17 héritages, et sur ces 17 il y en a 16 qui ne consistent qu'en propriétés mobilières, marchandises, fonds publics. Ces sortes de propriétés ne sont pas soumises aux droits de primo-géniture. Le testateur a même le droit d'en disposer à son gré, même aux dépends des enfants.

Il ne reste donc sur 100 qu'un seul individu dont la propriété foncière ne peut être ni vendue ni partagée, et voilà ce qui forme la grande propriété anglaise.

Mais quel est le sort des cadets déshérités? Supposons la famille composée de trois enfants, deux garçons et une fille. Le cadet ne partage pas la fortune du père, mais frère de riches propriétaires, distributeurs de tous les emplois du pays, dans le militaire, dans l'église, dans la marine, ils peuvent aisément acquérir une bonne position. Ainsi le droit de primo-géniture n'est qu'une paternité prolongée.

On demandera que devient la fille qui se trouve sans fortune. Il n'y a pas de couvents en Angleterre, il faut donc se marier sans dot; mais comme ces filles appartiennent à l'aristocratie, elles trouvent facilement à se marier; et si l'héritier a employé son crédit pour placer son frère, il en fera autant pour son beau-frère. Si au contraire la sœur ne veut pas se marier, le frère lui fait une pension.

Je rentre dans mon sujet.

Il résulte de toutes les données officielles que j'ai présenté que, sous Louis XIV, chaque individu consommait à Paris 50 kilos de viande, et qu'à présent il n'en consomme que 20. Ce n'est pas la seule perte. Le manque d'engrais a réduit la production du blé à 6 pour 1. Cet épuisement du sol français a produit la diminution des subsistances animales. En effet, le règne végétal épuise le sol, le règne animal le fertilise. Ainsi, si depuis Louis XIV la nourriture des Français s'est formée de substances qui épuisent, il y a eu appauvrissement du sol, que les engrais n'ont pu réparer faute de moyens de les produire.

La grande différence de la richesse agricole dans les deux pays se fait sentir surtout dans le nombre et le poids des moutons. La consommation annuelle, qui en France n'est officiellement que de 2 kilos et demi par tête, est de 32 kilos pour les Anglais.

Un autre produit qui ne coûte ni semence, ni engrais, ni frais de labour, c'est la laine. En 1845, le poids de la laine s'est élevée en France à 64 millions de kilos, et en Angleterre à 240 millions. Comment expliquer cette énorme différence avec une étendue double et avec un climat qui convient si bien à l'éducation des bestiaux.

Il y a donc quelque chose à faire.

C'est cette grande production des subsistances agricoles qui fait la véritable richesse de l'Angleterre bien plus que son immense commerce.

M. Rubichon, si bon juge dans cette partie, prend pour exemple le coton. Les Anglais importent pour 500 millions de livres de coton qui leur coûtent 150 millions de francs. Ils les filent, les tissent et exportent ces produits fabriqués pour une somme de 300 millions.

Cette somme a dû supporter tous les frais de fabrication et la concurrence, et il en résulte un chiffre de bénéfices presque insignifiant, comparé avec le mobilier en bestiaux qui est évalué à 25 milliards, et ce capital prodigieux a été créé en cinquante ans par un million d'agriculteurs.

Au sujet de la diminution en quantité et en qualité de notre nourriture en France, M. Rubichon demande si elle est cause des observations consignées dans le rapport général des conseils de révision. Ce rapport dit qu'en 1840 il a fallu accepter la taille de 1 mètre 560 millimètres pour compléter le contingent de 180,000 hommes.

Sur ce nombre il y a eu 29,884 réformés pour faiblesse de constitution et défaut de taille;

54,668 réformés comme n'étant pas propres au service militaire, et dans ce nombre 24,778 pour infirmités de toute nature.

Si c'était général, quelle effrayante perspective pour la puissance de la France de voir la santé publique dégénérer de la sorte. Espérons que la Providence qui protège la France dotera les générations futures d'une santé plus robuste.

CONCLUSION. — INVENTAIRE.

Je vais résumer notre situation agricole en donnant le bilan des produits de l'agriculture.

Chaque agronome pourra se rendre compte de nos richesses et prévoir l'avenir de la France.

Que les bons esprits se pénètrent bien qu'il n'y a pas un instant à perdre, qu'ils se réunissent pour seconder le Gouvernement dans l'organisation de l'agriculture. En signalant le mal, il faut indiquer les remèdes.

INVENTAIRE DE NOS RICHESSES AGRICOLES.

Balance des exportations et importations des produits de l'agriculture.

PRODUITS.	EXPORTATION	PRODUITS.	IMPORTATION
Seigle et maïs . .	209,000	Froment.	17,000,000
Sarrasin.	8,000	Orge.	336,000
Avoine	123,000	Riz.	3,540,000
Plantes tinctoriales	136,000	Huiles.	35,400,000
Garance.	5,670,000	Tabac.	17,000,000
Vins et eau-de-vie	65,000,000	Houblon.	626,000
Cidre, Bière. . .	248,000	Soies.	36,450,000
Pommes de terre.	462,000	Sucre.	33,800,000
Liége.	360,000	Fourrages.	300,000
Noyers	86,000	Bois.	11,800,000
Jardins, fruits. .	640,000	Race bovine . . .	8,280,000
Beurre.	880,000	Race ovine	1,100,000
Graisse et suif. . .	31,000	Laine.	11,140,000
Boyeaux et poils.	400,000	Fromages.	2,240,000
Mules et mulets. .	3,840,000	Cornes, os en poudre	1,630,000
Œufs et volailles.	3,330,000	Engrais.	480,000
Poissons d'eau douce	70,000	Chèvres.	190,000
Sang, miel. . . .	250,000	Porcs et poils. . .	2,100,000
		Chevaux.	3,190,000
	81,743,000	Crins.	412,000
		Plumes.	1,000,000
		Peaux, cuirs. . .	8,500,000
		Sangsues.	1,000,000
			197,508,000

BALANCE.

IMPORTATIONS. .	197,508,000 fr.
EXPORTATIONS .	81,743,000
IMPORTATIONS. .	115,765,000

Si on veut bien examiner cet inventaire on verra que nous recevons de l'étranger pour 116 millions de produits agricoles de plus que nous n'en exportons. C'est une perte énorme pour la France et qui amènerait sans doute sa ruine si on n'y apportait pas un prompt remède.

Examinons les divers articles de ce tableau.

Les céréales en récolte ordinaire ne peuvent suffire aux besoins de la population, et cependant il serait possible de faire produire davantage.

Non-seulement nous ne produisons pas la viande nécessaire à notre nourriture, mais encore nous avons été obligés d'en diminuer la consommation dans une proportion de 60 kilos à 20.

Quoique la culture de la soie soit en progrès, nous sommes tributaires de l'étranger pour 36 millions.

La culture du sucre est aussi en progrès dans le département du Nord, et cependant il nous faut en importer pour 32 millions.

Les bois et les forêts qui présentaient le siècle dernier des ressources précieuses pour la marine, ont été aliénés ou défrichés, et il faut en acheter pour 12 millions.

Nous pourrions produire sans nul doute tous les fromages qui nous sont nécessaires, et cependant il faut en importer pour 2,240,000 fr.

Nous n'élevons pas assez de bestiaux en France, aussi nous sommes obligés de faire venir de l'étranger pour 8 millions de la race bovine. Nous ne pouvons donc produire les cuirs qu'il nous faut pour la chaussure et la sellerie.

La différence qui existe entre le nombre de moutons de la France, qui n'en élève que 32 millions, tandis que l'Angleterre en nourrit 140, prouve combien est grande la lacune que nous avons à remplir. Il ne faut donc pas être surpris si nous sommes obligés d'acheter pour 11 millions de bêtes à laine.

Les porcs donnent une perte de 2 millions, et nous sommes obligés d'importer pour 900,000 fr. de soies de porcs.

Les huiles, dont les produits diminuent dans le Sud-Est, occasionnent une importation de 35 millions.

Nous n'élevons pas en France le nombre de chevaux nécessaire à notre cavalerie. C'est encore une importation de 3 millions.

Le tabac, devenu malheureusement un besoin pour la population, nous oblige à une dépense de 17,000,000 de francs.

Conçoit-on qu'avec l'immense production qui a lieu en volailles nous soyons obligés, par la négligence des paysans, d'acheter pour 1 million de plumes.

L'importation des sangsues est une dépense de près d'un million. On pourrait diminuer en partie cette dépense en revenant à l'usage de la lancette de nos pères.

Comment porter remède à cette pénible position? C'est une question qui intéresse si fortement l'avenir de la France, que j'oserai présenter quelques idées sur les moyens d'améliorer notre agriculture, en laissant à des personnes plus habiles, le soin de les modifier.

Ce qu'il faudrait :

Considérer l'agriculture comme la première et la plus précieuse de nos industries.

Le président du conseil serait ministre de l'agriculture. Ce serait indiquer son importance.

Créer une organisation générale de l'agriculture des sociétés agricoles et des comices.

Doter l'agriculture d'une somme de 10 millions. Bien employé, cet argent serait placé à gros intérêt.

Trouver le moyen sur les 16 millions d'hectares que nous avons en montagnes, terres incultes, landes, vacants, de mettre en culture 6 millions d'hectares, soit en augmentant les troupeaux, soit en plantations.

L'augmentation des bestiaux exigeant une plus grande quantité de fourrages, il faudrait au lieu de 10 hectares sur 100 que nous cultivons à présent, en cultiver, non comme en Angleterre 68 hectares sur 100, mais au moins 20 ou 25.

Planter tous les chemins, routes, chemins vicinaux, en mûriers dans les localités qui en seront susceptibles. Obliger les communes à planter aussi en mûriers les vacants, pâturages qui sont auprès des villages. De cette manière les habitants conserveraient la dépaissance pour leurs juments poulinières et leurs porcs; et la commune, par la vente des feuilles, acquèrerait une petite ressource. Ce serait d'ailleurs un moyen d'augmenter considérablement la production de la soie.

L'importation du riz nous coûte 3 millions et demi. Ne pourrait-on pas quand le grand canal d'irrigation de la Garonne sera fait essayer la culture du riz dans les parties basses. Le succès qu'on a obtenu dans le delta de la Camargue donne lieu d'espérer que nous pourrons introduire en France cette culture.

La vigne, cette source de richesse que les autres nations nous envient, payant l'impôt foncier, est encore frappée, dans sa production, par les droits réunis et par les droits d'octroi. Ces charges sont d'autant plus pesantes pour les villes qu'il n'y a que le tiers des vins récoltés qui supportent l'impôt de 10 fr. l'hectolitre établi par la loi. Et il faut observer que le Ministre ne donne qu'une valeur moyenne de 11 fr. à l'hectolitre de vin. Il est facile de voir que si les 37 millions d'hectolitres de vin que l'on récolte en France étaient soumis à l'impôt, on pourrait le réduire à 3 fr. 50 c., ce qui serait un grand soulagement pour les propriétaires.

C'est donc la diminution des droits et la suppression des mesures vexatoires que j'ai eu en vue en faisant connaître un système d'une grande simplicité et d'une facile exécution.

Ce système est établi sur le principe qu'il y a injustice dans la fixation d'un droit égal pour des vins de qualités différentes, de manière que les vins de Bourgogne, de Champagne, de Bordeaux qui ont une valeur commerciale si supérieure aux autres vins, ne payent pas plus que ceux ci (1).

Je propose de classer tous nos vins en trois catégories, selon la valeur qu'ils ont dans le commerce. La première qualité payerait un droit de 6 fr. l'hectolitre au lieu de 10 qu'elle paye à présent; la seconde catégorie 4 fr., et la troisième 1 fr. 50. Comme ces droits seraient perçus sur les 37 millions d'hectolitres que nous récoltons, le Trésor éprouverait non-seulement une augmentation de recette, mais encore une diminution de frais de perception de deux tiers, ce qui serait une économie de 20 millions pour le Trésor. Avec la modicité des droits et de fortes amendes les propriétaires ne s'exposeraient pas à faire de fausses déclarations. Plus

(1) Je citerai pour exemple les vins du Castrais, dans le Tarn, d'une qualité à faire danser les chèvres, dont la valeur est de 16 fr. l'hectolitre, qui paye 10 fr. de droits, tandis que les vins de Bordeaux se vendent 100 fr. et ne payent de même que 10 fr.

de formalités vexantes, le vin partant de la cave du propriétaire pourrait circuler librement dans tout le royaume (1). Quant au moyen d'exécution, on le trouvera dans la note qui se trouve à la fin du mémoire (voir A).

L'instruction de l'agriculture pratique est dans ce moment l'objet de la sollicitude du Gouvernement; mais c'est sur des bases larges qu'il faudrait organiser l'agriculture. C'est surtout dans la classe des petits propriétaires qu'il faut porter l'instruction pratique. Cette classe de *Pagès* lit fort peu, économise beaucoup, et n'est occupée que de faire élever leurs enfants dans les collèges, avec l'espoir qu'ils entreront à Saint-Cyr ou à l'École Polytechnique. S'ils ne sont pas reçus ils reviennent chez leurs parents munis de grec et de latin. Je ne dirais pas cependant comme le poète :

Qui nous délivrera des grecs et des romains?

Mais je demanderai s'il ne serait pas possible en serrant les rangs des élèves du grec et du latin, et même un peu des mathématiques de faire une humble place dans les collèges, même dans les séminaires, à l'instruction de l'agriculture. Il en résulterait que les curés des campagnes en donnant des conseils à leurs paroissiens, les amèneraient insensiblement à adopter les vrais principes d'agriculture dont les enfants auraient pris les premières notions dans les collèges.

Maintenant je vais terminer ces aperçus en proposant

(1) Sous la Restauration, une commission, présidée par le comte de Mosbourg, fut chargée de réviser la loi sur les vins. Je crus devoir lui faire part de mon système que la Société d'agriculture de la Haute-Garonne avait bien voulu approuver. M. le comte de Mosbourg me fit l'honneur de me répondre que ce projet avait eu l'approbation de la commission et avait été recommandé au Ministre.

un système de reconstruction de la propriété moyenne basé sur un plan qu'avait conçu, en 1814, M. l'abbé de Montesquiou, alors ministre. Ce plan qui aurait ressemblé à l'institution des majorats de l'Empire n'aurait pas sans doute été praticable à cette époque; mais à présent, dégagé de féodalité, d'une facile exécution, en rapport avec nos institutions, cette idée pourrait être d'une grande importance pour l'avenir de la France. Il ne faut pas oublier que les subsistances ne sont pas en rapport avec la population et qu'il faut produire davantage.

RECONSTRUCTION DE LA PROPRIÉTÉ

DE MANIÈRE A MODÉRER LE MORCELLEMENT ET A ÉTABLIR L'ÉQUILIBRE ENTRE LES SUBSISTANCES ET LA POPULATION.

Nous ne pouvons former la grande propriété comme l'a fait l'Angleterre avec ses institutions dont on a vu dans mes aperçus les grands résultats pour l'agriculture. L'Angleterre par sa position et son climat humide a pu établir un système de culture qui pour nous doit être modifié en raison de la qualité de nos terres et de notre climat. En France, la grande propriété n'existe presque plus, c'est donc la propriété moyenne de 100 à 150 hectares, celle que je crois susceptible de produire davantage qu'il faut conserver et même créer à tout prix (1).

Le Ministre de l'agriculture disait à la tribune, en 1842:

(1) Il faudrait s'entendre sur ce qu'on appelle grande et petite propriété. Je croirais que 300, 400, 600, 800 hectares devraient être considérés comme grande propriété, 100 à 150 comme la moyenne, que je regarde comme la plus productive, 10 à 20 hectares comme petite propriété

« Je ne m'explique pas pourquoi les progrès de la » production agricole ne suivent pas les progrès de la » population. Je crois qu'il faudrait que l'agriculture » passât à l'état commercial et industriel, que les capi- » taux et le crédit viennent la féconder. L'industrie, » ajoutait le Ministre, prend rang comme un fait social » et dominant de l'époque. L'agriculture devrait mar- » cher parallèlement avec elle, et les capitaux s'y enga- » ger avec confiance. »

J'ai été frappé des excellentes vues proclamées à la tribune par le Ministre et me rappelant l'ancien projet de M. l'abbé de Montesquiou, en 1814, j'ai eu l'idée qu'il serait possible d'adopter un système en rapport avec nos institutions et avec les principes du Ministre.

Faisons donc pour l'agriculture, comme le dit M. Cunin-Gridaine, ce que l'on a fait pour les autres industries, créons des usines agricoles.

Je vais proposer des bases d'un projet que des personnes plus habiles pourront rectifier. Je ne sais si je me fais illusion, mais j'ose croire que cette création nouvelle serait d'une grande importance pour l'avenir de la France.

PROJET.

Une loi des Chambres déclarerait toute propriété de 100 hectares, à peu près réunis, usine agricole, divisée en actions négociables, mais dont le fond serait indivisible à perpétuité.

Les forêts, les montagnes et les vignobles seraient organisés sur d'autres bases en rapport avec les localités.

Les propriétaires d'usines agricoles les administreraient comme ils l'entendraient soit par eux-mêmes, soit par des fermiers.

Il n'y aurait aucune atteinte à la propriété puisque le propriétaire pourrait vendre les actions soit en partie, soit en totalité, et il faut observer qu'il arrive souvent que le propriétaire, par l'effet de la grêle, est obligé d'emprunter sur hypothèque, ce qui lui revient à 7 et 8 p. 100. Avec ces gros intérêts la dette augmente tous les ans et finit par le ruiner. S'il veut se libérer en vendant une partie de sa métairie, ce ne sera qu'à vil prix, et il en dépréciera la valeur capitale. Il n'en est pas de même avec les usines, si le propriétaire est obligé d'emprunter, il vendra quelques actions à leur juste valeur, et sans autres frais qu'une déclaration à l'enregistrement comme renseignement, ne payant qu'une légère taxe.

Les seules conditions qui seraient imposées aux propriétaires d'usines seraient de cultiver en fourrages 20 ou 25 hectares sur 100, d'entretenir une tête de gros bétail par hectare, et d'élever un troupeau de 100 bêtes plus ou moins, 2 juments et un certain nombre de porcs. Des primes plus ou moins fortes seraient accordées aux poulains de race qui seraient élevés sur l'usine.

Dans chaque arrondissement on choisirait deux usines pour en faire des usines-écoles dans le même genre que le Ministre veut en organiser, dans ce moment, une par département. Trente élèves seraient établis dans l'école, et quand ils en sortiraient ils seraient placés par les inspecteurs sur les autres usines. Ce serait une sorte de prime accordée aux propriétaires d'usines qui auraient cultivé le mieux et auraient adopté la culture perfectionnée.

Chaque année des décorations et des récompenses seraient accordées aux propriétaires d'usines qui auraient exécuté une grande amélioration ou introduit une nouvelle culture. Ces récompenses serait accordées d'après un jury composé de propriétaires d'usines.

Voyons à présent quels seront les avantages que retireront les propriétaires d'usines.

On se plaint généralement du manque des capitaux pour l'agriculture. La propriété écrasée par des milliards d'hypothèques et par une masse d'impôts qui, d'après M. Royer, se porte à 1,600,000,000, ne peut trouver des capitaux qu'à des prix usuraires. La production de l'agriculture doit donc diminuer, et on a vu en effet par l'inventaire que j'ai présenté que nous sommes en déficit de 116 millions.

Pour remédier à ce grave inconvénient, je propose d'établir dans chacune des huit régions agricoles une banque, succursale du Trésor, établissant des comptes courants avec les propriétaires d'usines agricoles à 4 1 quart pour 100. Il faut observer que c'est avec des comptes courants à 5 et 5 et demi pour 100 entre les fabricants et les banquiers que les industries manufacturières ont pu prospérer; et cependant la multiplicité des faillites prouve le danger de ce placement.

Il n'en sera pas de même pour les usines agricoles. Le placement des capitaux présente la plus grande garantie par la représentation des actions et le mobilier représenté par les bestiaux à une valeur capitale à peu près la même, tandis que le mobilier en machine se réduit souvent de 9 dixièmes. Il n'en est pas de même pour les usines industrielles, un caprice de la mode, une invention nouvelle peut détruire les plus belles usines, et la ville de Castres en offre un triste exemple. Dans les usines agricoles, au contraire, la valeur progressive des terres et l'augmentation des produits doivent nécessairement donner une grande valeur aux actions des usines, et la sûreté du placement engager les capitalistes à y placer leurs fonds.

Mais, dans ces temps d'agiotage, tout le monde court après une fortune rapide, on prend des actions dans toutes les entreprises de mines, de chemins de fer, même dans *ce lac de sable d'or de l'isthme de Panama* qui doit fournir l'or nécessaire à l'Europe. Les uns font fortune, les autres se ruinent, c'est un jeu hasardeux que l'on joue; mais l'État n'en retire aucun bénéfice.

On dira sans doute qu'avec la facilité de se procurer des capitaux les propriétaires d'usines agricoles se livreront à de grandes améliorations, à des défrichements et à des spéculations coûteuses, et finiront par se ruiner. C'est sans doute un malheur, mais l'usine ne sera pas abandonnée comme dans les autres industries. Un autre propriétaire remplacera celui qui s'est ruiné, et l'État profitera de toutes les améliorations qui, en définitive, auront eu pour résultat l'augmentation des produits, et c'est là le grand intérêt du Gouvernement dont le but doit être de voir augmenter les subsistances dans la proportion de la population.

En créant des usines agricoles, en procurant des capitaux aux propriétaires, en les obligeant à cultiver le double de fourrages, d'élever une tête de gros bétail par hectare, en élevant un troupeau et non un lot, comme on le fait dans le Tarn, au dire de M. l'Inspecteur, nous devons nécessairement produire le double de viande, de cuirs, de graisse et de laine; et comme les engrais augmenteront dans la même proportion, les produits en céréales doivent aussi augmenter au moins d'un tiers, et par conséquent combler le déficit annuel.

Il y a une difficulté d'exécution qu'il faut résoudre.

Avons-nous dans la propriété actuelle des réunions de 80 à 100 hectares pour former les 50 ou 60,000 usines agricoles qu'il serait nécessaire de créer?

Pour résoudre cette question, je vais présenter la division de la propriété agricole entre les 4,400,000 familles employées à l'agriculture.

J'observerai que l'on pourrait, par une loi, faciliter et encourager les échanges pour les réunions des propriétés de manière à former des usines de 100 hectares. Dans ce cas les échanges ne payeront qu'un léger droit.

DIVISION DE LA PROPRIÉTÉ AGRICOLE

ENTRE LES 4,400,000 FAMILLES EMPLOYÉES A L'AGRICULTURE.

	HECTARES		HECTARES
21,426 familles possèdent	800	360,000 possèdent.	6
168,618.	62	567,600.	3
217,850.	21	831,000.	1 2/3
256,500.	12	1,110,000.	0 1/4
258,400.	8		
Et 406,000 familles n'ont pas de porpriété.			

Il est à présumer qu'avec les 21,426 et les 168,618 hectares, quoique n'étant pas tous en corps de bien, nous trouverions de quoi former 40 ou 50,000 propriétés de 80 à 100 hectares. Dans cette supposition 1,600,000 hectares, semés chaque année en blé, avec la culture perfectionnée, le double d'engrais et de fourrages, donneraient un produit en céréales, non de 24 hectolitres par hectare, comme en Angleterre, mais au moins de 18 à 20, au lieu de 12 que nous produisons à présent. Ce serait donc une augmentation de produit en blé de 12,000,000 par année, et en portant à 16 fr. le prix de l'hectolitre, nous fournirions près de 200,000,000 de fr. à la consommation, et il n'y aurait plus d'importation.

Mais encore les avantages accordés aux usines doivent amener l'achat et la réunion des petites propriétés qui doivent tendre à parvenir au rang d'usines agricoles. On doit donc s'attendre qu'avec l'accroissement des usines la production des subsistances augmentera en proportion de la population.

Il serait encore possible en formant une association entre les usines d'un département d'établir un fond commun pour entreprendre des défrichements ; de former de grands réservoirs en barrant les vallons, pour créer ainsi un vaste système d'irrigation. Le Gouvernement, les Conseils généraux contribueraient à ces grandes améliorations entreprises par les usines agricoles (1).

C'est au système d'association de tous les intérêts que nous devons demander au Gouvernement d'annuler pour ainsi dire tous les fléaux qui détruisent une partie de nos récoltes, et cela au moyen d'un léger impôt. Le Gouvernement deviendrait ainsi une seconde Providence

(1) Ce serait, avec d'autres éléments, imiter cette belle administration du Languedoc, qui comptait 800 ans d'existence, et qui, au moyen de l'association des communes, des diocèses, des sénéchaussées et des états représentants tous les intérêts, avaient pu créer de si beaux travaux, et cela sans écraser d'impôts cette belle province. Il est à remarquer que le Languedoc, d'une étendue égale à sept de nos départements, ne payait que 1,700,000 fr., c'est-à-dire moitié moins que le plus petit de ces sept départements.

pour la propriété. Toutes les pertes seraient remboursées intégralement, le Trésor y trouverait un grand bénéfice, et les départements la suppresssion de deux centimes de fonds communs devenus inutiles.

Ma tâche est achevée, je n'ai fait que résumer les recherches de savants économistes et d'agronomes habiles. J'ai présenté un système sur l'impôt du vin, j'ose croire qu'il doit être médité; peut-être en est-il de même de mon projet d'usines agricoles.

En présentant les grands résultats qu'ont obtenus les Anglais par leur système d'agriculture, je suis loin de croire que nous devons l'adopter sans modification. Il faut faire la part du climat, des diverses variétés de terre et des fléaux auxquels la France est plus exposée que l'Angleterre. Il faut aussi considérer la grande différence qu'a dû apporter dans leur agriculture l'existence de la grande propriété et les encouragements de toute sorte que le Parlement, composé de propriétaires, n'a cessé de voter depuis cinquante ans.

En France, l'agriculture a été abandonnée à elle-même sans être représentée à la Chambre, sans organisation, accablée d'impôts, sans capitaux, frappée d'une masse énorme de dettes hypothécaires, comment aurait-elle pu prospérer?

Il ne faut donc pas être surpris si les économistes anglais, en voyant les résultats de la législation des deux pays, ont dû nous prédire un triste avenir, et c'est après avoir étudié en France l'ensemble de nos lois sur la division de la propriété que M. Canning fit sa célèbre prophétie : *Dans cinquante ans l'Angleterre reprendra ses provinces de l'ouest de la France.* Bien entendu cependant que la France n'aura pas conquis l'Angleterre avant cette époque, ce qui est possible et probable.

C'est à la génération agricole qui s'avance qu'il faut demander la restauration de notre agriculture, qu'elle se persuade bien que ce n'est pas dans l'agiotage et dans les spéculations qu'il faut espérer augmenter sa fortune et surtout acquérir cette tranquillité d'esprit et le bonheur que procure l'état honorable d'agriculteur et de fermier. En effet :

Est-il un soin plus doux, un temps mieux occupé;
C'est là qu'en ses désirs, le sage est peu trompé,
Autour de ses jardins, de ses flottantes gerbes,
De ses riches vergers, de ses troupeaux superbes,
L'espoir au front riant, se promène avec lui.
Il voit ses jeunes ceps embrasser leur appui,
Sur le fruit qui mûrit, sur la fleur près d'éclore
Il court interroger le lever de l'aurore,
Et toujours entouré de dons et de promesses
Il sème, attend, recueille, ou compte ses richesses (1).

DELILLE.

Enfin, l'agriculture est la plus morale des occupations.

La population agricole est la plus paisible, celle qui honore le plus la société.

L'homme qui cultive la terre, est encore celui qui sait le mieux la défendre.

DUPIN aîné.

---

(1) C'est la manière de vivre des heureux habitants du Castrais, et des bords fleuris de l'Agoût, *ils comptent leurs richesses.*

NOTE A.

NOUVEAU SYSTÈME SUR LES DROITS A PERCEVOIR SUR LES VINS.

La statistique évalue le produit en vin à	37,780,000 hectol.
Le produit en eaux-de-vie est de 88 millions 802 hectol. qui, à raison de 7 litres de vin distillé, est évalué à	7,621,614
Total. . .	44,404,851 hectol.

M. Royer, dans son ouvrage sur la richesse de la France, déclare que ce produit est en réalité plus élevé. Il croit qu'on peut l'augmenter de 80 p. 100, ce qui donnerait un produit de 79 millions, d'autant plus probable que la culture de la vigne augmente considérablement. Cependant pour établir nos calculs d'une manière certaine, je ne supposerai que 60 millions de produits.

Sur ces 60 millions d'hectolitres, j'établirai comme première qualité les vins de Bordeaux, de Champagne, de Bourgogne et des côtes du Rhône, formant un produit de 10 millions d'hectolitres dont la plus grande partie est exportée.

La seconde qualité serait composée de vins d'une qualité établie sur le prix de vente et sur ceux qui par l'alcool qu'ils contiennent sont susceptibles d'être convertis en eaux-de-vie. On pourrait en évaluer le produit à 6 millions d'hectolitres.

La troisième qualité, composée de tous les autres produits en vin, serait de 44 millions d'hectolitres.

Les bases posées, le chapitre des recettes constate que

les droits sur le vin donnent. . . .	94,400,000 f.
Et les droits d'octroi.	24,800,000
Total. . . .	119,200,000 f.

Il n'y a que 14 millions d'hectolitres qui payent le droit de 10 fr. établi par la loi.

Si tout le vin était atteint par l'impôt, l'hectolitre ne payerait pas même 2 fr.

Eh bien! j'oserais croire qu'on trouverait de grands avantages à supprimer tous les droits actuels et à les remplacer par un droit unique, droit de production sur les 60 millions de vins récoltés (1).

Cet impôt ne s'exercerait pas seulement sur la quantité, mais sur la qualité.

Ainsi les vins de Bordeaux, de Bourgogne, de Champagne, des côtes du Rhône qui payent, en moyenne,

(1) C'est avec une véritable satisfaction que j'ai vu M. Boyer proposer en 1843, ce même système d'impôt que j'avais fait connaître en 1826.

10 fr. l'hectolitre ne payeraient que.. . . 6 fr.

La seconde classe. 4

La troisième. 1 50

Le classement, quant à la qualité, se ferait d'une manière large et en rapport avec le prix de vente dans les principales villes.

Ce nouveau système d'impôt est bien simple et n'exige que peu de frais de perception; il suffit de quelques employés qui se rendent dans toutes les communes pour prendre la déclaration du nombre d'hectolitres de vin récolté. Ces employés ayant droit de visite dans les caves n'auraient pas besoin de l'exercer puisque les propriétaires ne s'exposeraient pas à payer une amende très-forte quand ils n'auraient à payer qu'un léger droit.

Voici le moyen de perception :

Chaque propriétaire, d'après sa déclaration, reçoit un tableau contenant autant de cases numérotées qu'il a récolté d'hectolitres de vin. Un dixième des numéros est supprimé pour coulage, déchet, etc. Cet état dressé, le propriétaire peut vendre son vin en gros ou en détail, et le transporter sans autre formalité.

Chaque six mois l'employé vient visiter le propriétaire; il se fait présenter le tableau et réclame le montant des numéros vendus, d'après la classe dans laquelle ils se trouvent. Ainsi point de fausse déclaration et point de vexations.

Veut-on encore simplifier la perception? il faut suivre l'exemple du clergé pour la perception des dîmes. C'était bien autrement difficile. Eh bien! ils en affermaient la perception à des petits propriétaires du lieu qui se chargeaient de les recueillir et d'en faire la vente aux enchères.

En adoptant ce mode si simple d'impôt, on y trouvera de grands avantages. Le propriétaire soulagé, cultivera mieux et fera produire davantage, la consommation augmentera : les frais de perception, qui s'élèvent à plus de 30 millions, seront réduits au tiers, au quart. A présent voyons quel sera le résultat de ce système :

1° 10 millions d'hectolitres, 1re classe, à 6 fr.	60,000,000
2° 6 millions d'hectolitres, 2me classe, à 4 fr.	24,000,000
3° 44 millions d'hectolitres, 3me classe, à 1 fr. 50 c.	66,000,000
Total. . . .	150,000,000
Il faut en ôter le dixième pour coulage et accident.	15,000,000
Reste. . .	135,000,000

Ce qui donnerait un bénéfice pour le Trésor de 16 millions, plus de 20 à 25 millions d'économie de frais de perception.

On dira sans doute que les propriétaires des campagnes, que l'impôt ne peut atteindre, auront à payer un nouvel impôt. Mais d'abord s'ils veulent vendre en gros ou faire entrer en ville, ils ont à payer les droits actuels; mais bien plus ce sera sans peine qu'ils payeraient le droit unique de 1 fr. 50 c., puisqu'ils seront à l'abri de toutes les vexations de la Régie.

Qu'on veuille bien examiner ce système, et on sera frappé de la simplicité et du profit qu'en retirera le Trésor. Ce ne serait pas moins de 40 millions qu'on pourrait employer à diminuer les charges qui pèsent sur la propriété, mais qui peut être porté à 60 millions.

Voici la récolte présumée en vins que l'on évalue à 37 millions d'hectolitres :

Hérault.	2,616,000
Charente-Inférieure.	2,594,000
Gironde.	2,120,000
Var.	1,655,000
Charente.	1,152,000
Gers.	1,128,000
Gard.	1,132,000
Aude.	1,011,000
Yonne.	850,000
Loiret.	800,000
Dordogne.	770,000
Rhône.	740,000
Saône-et-Loire.	640,000
Lot-et-Garonne..	637,000
Indre-et-Loire.	628,000
Bouches-du-Rhône.	625,000
Haute-Garonne.	604,000
Loire-Inférieure.	568,000
Côte-d'Or.	558,000
Loir-et-Cher.	557,000
Autres départements.	15,875,000
Total. . . .	37,000,000

Ce chiffre de 37 millions, que M. Royer porte à 79 millions avec l'eau-de-vie, est évidemment trop faible à cause de l'accroissement de la culture des vignes dans le Midi; ainsi en le portant à 60 millions d'hectolitres je suis en dessous du produit réel.

FIN.

TABLE DES MATIÈRES.

www.ingramcontent.com/pod-product-compliance
Ingram Content Group UK Ltd.
Pitfield, Milton Keynes, MK11 3LW, UK
UKHW021820190726
13853UKWH00003B/1091

9 782329 576435